中等职业学校教育创新规划教材
新型职业农民中职教育规划教材

动物卫生防疫与检验

李生涛　主编

中国农业大学出版社
·北京·

内 容 简 介

本教材以动物卫生防疫与检验的理论与实践紧密结合,培养学生实践动手能力为目标,坚持岗位需求和工作过程相结合,将学习内容分为预防动物疫病,扑灭动物疫病,动物检疫,生乳、鲜蛋的卫生检验四大模块,围绕防疫管理技术、消毒技术、免疫接种技术、药物保健技术、动物疫病监测与净化技术、重大动物疫情处理技术详细介绍了动物疫病的防控措施,简要地介绍了产地检疫、屠宰检疫、检疫监督的程序和内容以及生乳、鲜蛋的卫生检验方法。在每个模块中根据职业需要设置相关的项目,又结合学生实践技能需求筹划相关学习任务,实现了由"模块—项目—任务"三级问题分解模式,突出了先进性、实用性和可操作性。

图书在版编目(CIP)数据

动物卫生防疫与检验/李生涛主编. —北京:中国农业大学出版社,2015.10
ISBN 978-7-5655-1422-7

Ⅰ.①动… Ⅱ.①李… Ⅲ.①兽疫-防疫②兽疫-检疫 Ⅳ.①S851.3

中国版本图书馆 CIP 数据核字(2015)第 238431 号

书 名	动物卫生防疫与检验			
作 者	李生涛 主编			
策划编辑	张 蕊 张 玉		责任编辑	张 玉
封面设计	郑 川		责任校对	王晓凤
出版发行	中国农业大学出版社			
社 址	北京市海淀区圆明园西路2号		邮政编码	100193
电 话	发行部 010-62818525,8625		读者服务部 010-62732336	
	编辑部 010-62732617,2618		出 版 部 010-62733440	
网 址	http://www.cau.edu.cn/caup			
经 销	新华书店		E-mail cbsszs @ cau.edu.cn	
印 刷	北京市平谷县早立印刷厂			
版 次	2015 年 11 月第 1 版 2015 年 11 月第 1 次印刷			
规 格	787×1 092 16 开本 11.5 印张 240 千字			
定 价	31.00 元			

图书如有质量问题本社发行部负责调换

中等职业学校教育及新型职业农民
中职教育教材编审委员会名单

编 审 人 员

主　编　李生涛　南阳农业职业学院副教授

副主编　刘国芹　邯郸农业学校高级讲师
　　　　刘耀东　南阳农业职业学院讲师

参　编　烟玉华　邯郸农业学校讲师
　　　　刘明研　广西百色农业学校助理讲师

主　审　李玉冰　寇建平　陈肖安

编 写 说 明

　　积极开展与创新中等职业学校教育与新型职业农民中职教育,提高现代农业与社会主义新农村建设一线中等应用型职业人才及新型职业农民的综合素质、专业能力,是发展现代农业和建设社会主义新农村的重要举措。为贯彻落实中央的战略部署及全国职业教育工作会议精神,特根据《教育部关于"十二五"职业教育教材建设的若干意见》《中等职业学校新型职业农民培养方案(试行)》和《中等职业学校专业教学标准(试行)》等文件精神,紧紧围绕培养生产、服务、管理第一线需要的中等应用型职业人才及新型职业农民,并遵循中等职业学校教育与新型职业农民中职教育的基本特点和规律,编写了《动物卫生防疫与检验》教材。

　　《动物卫生防疫与检验》是养殖专业类核心课教材之一。本教材构思新颖,内容丰富,结构合理,定位于中等职业教育,紧扣岗位要求,以行动导向的教学模式为依据,以学习性工作任务实施为主线,以学生为主体,通过学习性工作任务中教、学、做、说(写)合一来组织教学,物化了本门课程历年来相关职业院校教育教学改革中所取得的成果,并统筹兼顾中等职业学校教育及新型职业农民中职教育的学习特点。

　　本教材根据项目驱动式教学的需要,以引导学生主动学习为目的,进行体例架构设计,以适应中等职业学校教育和新型职业农民中职教育创新和改革的需要。本教材以生产任务为主体、技能操作为主线,将学习内容分为预防动物疫病、扑灭动物疫病、动物检疫、生乳、鲜蛋的卫生检验4个模块,围绕防疫管理技术、消毒技术、免疫接种技术、药物保健技术、动物疫病监测与净化技术、重大动物疫情处理技术详细介绍了动物疫病的防控措施,简要地介绍了产地检疫、屠宰检疫、检疫监督的程序和内容以及生乳、鲜蛋的卫生检验方法。教材编写时,始终本着"以实践操作为主题,以知识链接为补充"的精神,充分体现了"产学结合"、在"做中学"的职业教育特点,引入了畜牧业标准化养殖的新要求和新技术,也与养殖业的岗位技能相接应,体现了现代畜牧业的新特点、新要求。同时,在各任务的实施中,也注重了培养学生具有诚实、守信、肯干、敬业、善于与人沟通和合作的职业品质以及具有分析问题和解决问题的能力。教材中积极融进新知识、新观念、新方法,也融入国家最新的相关行业政策,呈现课程的职业性、实用性和开放性。

本教材内容深入浅出、通俗易懂,具有很强的针对性和实用性,是中等职业学校教育及新型职业农民中职教育的专用教材,也可作为现代青年农场主的培育教材,还可作为畜牧养殖者及相关技术及管理人员培训的教材和参考用书。

本教材由李生涛任主编,刘国芹、刘耀东任副主编,参加编写的有烟玉华、刘明研。北京农业职业学院的李玉冰教授、原农业部科技教育司寇建平处长和原农民教育培训中心陈肖安等同志对教材编写提出了宝贵意见和建议,并终审定稿,在此一并表示感谢。

由于编者水平有限,加之时间仓促,教材中存在着不同程度和不同形式的错误和不妥之处,衷心希望广大读者及时发现并提出,更希望广大读者对教材编写质量提出宝贵意见,以便修订和完善,进一步提高教材质量。

编 者

2015 年 8 月

目　　录

模块一　预防动物疫病

模块二　扑灭动物疫病

模块三　动物检疫

模块四　生乳、鲜蛋的卫生检验

模块一 预防动物疫病

项目一　防疫管理技术

项目二　消毒技术

项目三　免疫接种技术

项目四　药物保健技术

导读

　　【岗位任务】能够在生产实践中综合应用各种预防措施有效地预防动物疫病的发生。

　　【岗位目标】应知：规模化动物养殖防疫管理技术、养殖场消毒技术、动物免疫接种技术、药物保健技术。

　　应会：科学选址和建设养殖场；养殖场常用的动物饲养方式和饲养制度；养殖场人员、车辆、用具、饲料、饮水、大生物害虫的管理方法；配置消毒剂、使用消毒设备对不同消毒对象进行消毒；动物免疫接种及免疫失败的原因分析；采用药物预防动物疫病时的选药、用药原则及给药方法；微生态制剂的使用方法及注意事项。

　　【能力素质要求】能够为养殖场制定全面合理的动物疫病防疫措施和管理制度；能够将所学的各种动物疫病预防技术灵活应用于生产工作中，善于思考，善于解决问题。

项目一　防疫管理技术

任务一　卫生防疫设施

【学习目标】

掌握养殖场科学选址时的要求,能够对养殖场进行合理的规划布局。

【操作与实施】

一、科学选择场址

场址不仅直接影响到养殖场和畜禽舍的小气候环境、养殖场和畜禽舍的清洁卫生、畜禽群的健康和生产,也影响养殖场和畜禽舍的消毒管理及养殖场与周边环境的污染和安全。场址的选择应注意以下几方面:

(一)地势

场地要地势高燥,向阳背风,排水良好。如果场地地势低洼,排水不畅,容易积水,则有利于昆虫和寄生虫如蚊、蝇、蜱、螨等的滋生繁殖,养殖场和畜禽舍易污染,消毒效果差。场地地形要开阔,有利于通风换气,维持场区良好的空气环境。

(二)环境

养殖场要避开居民污水排放口,远离化工厂、制革厂、屠宰厂、畜产品加工厂等易造成环境污染的企业和垃圾场;距离村镇、居民点、河流、工厂、学校以及其他畜禽场有 500 m 以上,距离公路 100～300 m。如果周围能够设 1 000～2 000 m 的空白安全带会更好。

(三)土壤

场地土壤要求透水性、透气性好,溶水性及吸湿性小,毛细管作用弱,导热性小,保温良好;不被有机物和病原微生物污染;没有地质化学环境性地方病;地下水位低和非沼泽性土壤。因而,在不被污染的前提下,选择沙壤土建场较理想。如土壤条件差,可通过加强对畜禽舍的设计、施工、使用和管理,弥补当地土壤的缺陷。

(四)水源

养殖场的水源要充足,水质良好,并且便于防护,不受周围污染,使水质经常处于良好状态。

二、合理规划布局

养殖场的规划布局,就是根据拟建场地的环境条件,科学确定各区的位置,合理地确定各类房舍、道路、供排水和供电等管线、绿化带等的相对位置及场内防疫卫生的安排。不管建筑物的种类和数量多少,都必须科学合理地规划布局。这样不仅有利于隔离卫生,减少或避免疫病的发生,而且有利于有效利用土地面积,减少建场投资,保持良好的环境条件,经济有效地发挥各类建筑物的作用。从隔离卫生的角度考虑,规划布局必须注意以下几方面:

(一)分区规划

养殖场要根据生产功能,分为生活区或管理区、生产区和隔离区等。

1. 生活区

生活区或管理区是养殖场进行经营管理与社会联系的场所,易传播疫病。该区的位置应靠近大门,并与生产区分开,外来人员只能在管理区活动,不得进入生产区。场外运输车辆不能进入生产区,车棚、车库均应设在管理区;除饲料库外,其他仓库亦应设在管理区。职工生活区设在上风向和地势较高处。

2. 生产区

生产区是畜禽生活和生产的场所,该区的主要建筑为各种畜禽舍以及生产辅助建筑物。生产区应位于全场中心地带,地势应低于管理区,并在其下风向。生产区内不同年龄段的畜禽要分小区规划。如鸡场,育雏区、育成区和产蛋区应严格分开,并加以隔离,日龄小的鸡群放在安全地带(上风向、地势高的地方);甚至一些大型鸡场则可以专门设置育雏场、育成场(三段制)或育雏育成场(二段制)和成年鸡场,隔离效果更好,更有利于消毒和疫病控制。饲料库可以建在与生产区围墙同一平行线上,用饲料车直接将饲料送入饲料库。

3. 隔离区

隔离区是用来治疗、隔离和处理患病畜禽的场所。为防止疫病传播和蔓延,该区应设在生产区的下风向,并在地势最低处,而且应远离生产区。隔离舍尽可能与外界隔绝。该区四周应有自然的或人工的隔离屏障,设单独的道路与出入口。

(二)畜禽舍间距离

畜禽舍间距影响畜禽舍的通风、采光、卫生、防火。畜禽舍间距过小,通风时,上风向畜禽舍的污浊空气容易进入下风向舍内,引起病原在畜禽舍间传播;采光时,南边的建筑物遮挡北边的建筑物。此外,畜禽舍间距过小,场区的空气环境容易恶化,微粒、有害气体和微生物含量过高,容易引起畜禽发病。畜禽舍间距应不小于3~5倍南面畜禽舍的檐高。

(三)道路和储粪场

养殖场应设置清洁道和污染道。清洁道供饲养管理人员、清洁的设备用具、饲料和畜禽运输等使用,污染道供清粪、污浊的设备用具、病死和淘汰畜禽使用。清洁道和污染道不交叉。养殖场需设置粪尿处理区,应距畜禽舍30~50 m,并在畜禽舍的下风向。储粪场和污水池要进行防渗处理,避免污染水源和土壤。

(四)绿化

绿色植物不仅能吸收二氧化碳、二氧化硫、氟化氢、氯气、氨、汞和铅等,对灰尘和粉尘也有很好的阻挡、过滤和吸附作用,大大减少空气中微生物的数量。因此,养殖场应该大力提倡绿化造林,以达到净化场区空气、消除畜禽致病因素的目的(图1-1)。

图1-1 养殖场绿化图

1.场界林带的设置

在场界周边种植乔木和灌木混合林带,乔木如杨树、柳树、松树等,灌木如刺槐、榆叶梅等。特别是场界的西侧和北侧,种植混合林带宽度应在 10 m 以上,以起到防风阻沙的作用。树种选择应适应当地气候特点。

2.场区隔离林带的设置

主要用于分隔场区和防火。常用杨树、槐树、柳树等,两侧种以灌木,总宽度为 3~5 m。

3.场内外道路两旁的绿化

常用树冠整齐的乔木和亚乔木以及某些树冠呈锥形、枝条开阔、整齐的树种。在建筑物的采光地段,不应种植枝叶过密、过于高大的树种,可根据道路宽度选择树种的高矮,以免影响自然采光。

4.运动场的遮阴林

在运动场的南侧和西侧,应设 1~2 行遮阴林。运动场内种植遮阴树时,应选遮阴性强的树种。多选枝叶开阔,生长势强,冬季落叶后枝条稀疏的树种,如杨树、槐树、枫树等。

三、配套隔离消毒设施

(一)隔离墙或防疫沟

养殖场周围(尤其是生产区周围)要设置隔离墙,墙体严实,高度 2.5~3 m。或者沿场界周围挖深 1.7 m、宽 2 m 的防疫沟,沟底和两壁硬化并放上水,沟内侧设置高 1.5~1.8 m 的铁丝网,避免闲杂人员和其他动物进入养殖场。

(二)消毒池和消毒室

养殖场大门设置消毒池和消毒室(或淋浴消毒室),供进入人员、设备和用具的消毒;生产区中每栋建筑物门前要有消毒池(图1-2、图1-3)。

(三)水电供应设备

使用公用水电线路的养殖单位,为防止养殖、生产中意外停水、断电,有条件的要自建水井或水塔,用管道接送到畜禽舍,购买发电机,以防停电。

(四)设置封闭性垫料库和饲料塔

封闭性垫料库设在生活区、生产区交界处,两面开门,墙上部有小通风窗。垫料直接卸到库内,使用时从内侧取出即可。垫料最好用木屑,吸湿性好,又减少与外界感染的机会。场内根据需要可设置中心料塔和分料塔,中心料塔在生活区、生产区交界处,分料塔在各栋畜禽舍旁边;料罐车将饲料直接打入中心塔,生产区内

图 1-2　消毒池

图 1-3　消毒通道

的料罐车再将中心塔的饲料转运到各分料塔。

（五）设立卫生间

为减少人员之间的交叉活动,保证环境的卫生和为饲养员创造良好的生活条件,可在每个小区或者每栋畜禽舍都设卫生间。

任务二　饲养方式与饲养制度

【学习目标】

熟悉规模化养殖场常用的饲养方式和饲养制度。

【操作与实施】

一、自繁自养的饲养方式

所谓自繁自养的饲养方式,就是畜禽养殖场为了解决本场仔畜禽的来源,根据本场拟饲养商品畜禽的规模,饲养一定数量的母畜禽的养殖方式。

执行自繁自养方式不仅可以降低生产成本,减少仔畜禽市场价格影响,也可防止由于引入患病动物及隐性感染动物而人为将病原带入本场。有条件自行繁殖的养殖场,如不是很必要,切勿从外地引进种畜禽、种蛋。如果必须从外地或外场购入时,应从非疫区引进,不要从发病场、发病群或刚刚病愈的动物群引入,而且需经兽医人员检疫合格后方可引入。引入后应先隔离饲养15～30 d,经检查确认无任何传染病或寄生虫病时,方可入群。禁止来源不明的动物进入场内。严禁将参加过展览及送往集市或屠宰场不合格的动物运回本场混群饲养。

二、全进全出的饲养制度

所谓全进全出,指在一个相对独立的饲养单元之内,饲养同样日龄、同样品种和同样生产功能的畜禽,简单地说,就是在一个相对独立的饲养单元之内的所有畜禽,应当是同时引入(全进),同时被迁出予以销售、淘汰或转群(全出)。

实行全进全出的饲养制度,不仅有利于提高动物群体生产性能,而且有利于采取各种有效措施预防畜禽疫病。因为通过全进全出,使每批动物的生产在时间上有一定的间隔,便于对动物舍栏进行彻底的清扫和消毒处理,便于有效切断疫病的传播途径,防止病原微生物在不同批次群体中形成连续感染或交叉感染。而畜禽场中经常有畜禽,则很难做到彻底消毒,也就很难彻底清除病原,因此常有"老场不如新场"的说法。

为便于落实全进全出的养殖制度,实施时可将其分为三个层次:一是在一栋动物舍内全进全出;二是在一个饲养户或养殖场的一个区域范围内全进全出;三是整个养殖场实行全进全出。一栋动物舍内全进全出容易做到,以一个饲养户或养殖场的一个区全进全出也不难,但要做到整个场全进全出就很困难,特别是大型养殖场,设计时可考虑分成小区,做到以小区为单位全进全出。

在我国目前条件下,大、中型畜禽场可以考虑以建分场和小场大舍的形式,个体或小型畜禽场可以走联合的道路,使畜禽生产不同阶段处于不同场,各自相对独立,保证全进全出的饲养制度得以贯彻。

三、分区分类饲养制度

所谓分区分类饲养,包含几层含义:一是养殖场应实行专业化生产,即一个养殖场只养一种动物;二是不同生产用途的动物应分场饲养,如种畜禽和商品畜禽应分别养殖在不同场区;三是处于不同生长阶段的同种畜禽应分群饲养,如养殖场应分设仔猪舍、育成猪舍、后备猪舍、妊娠母猪舍、哺乳母猪舍等,便于及时分群饲养。

由于不同动物对同一种疫病的敏感性以及同种动物对不同疫病的敏感性均有不同,在同一畜禽场内,不同用途、不同年龄的动物群体混养时有复杂的相互影响,会给防疫工作带来很大的难度。例如,没有空气过滤设施的孵化厅建在鸡舍附近,孵化室和鸡舍的葡萄球菌、绿脓杆菌污染情况就会变得很严重;当育雏舍同育成鸡舍十分接近而隔离措施不严时,鸡群呼吸道疾病和球虫病的感染则难以控制。因此,对于大型畜禽场而言,严格执行分区分类饲养制度是减少防疫工作难度,提高防疫效果的重要措施。

四、规范日常饲养管理

影响动物疫病发生和流行的饲养管理因素,主要包括饲料营养、饮水质量、饲养密度、通风换气、防暑和保温、粪便和污物处理、环境卫生和消毒、动物圈舍管理、生产管理制度、技术操作规程以及患病动物隔离、检疫等方面。这些外界因素常常可通过改变动物群与各种病原体接触的机会、改变动物群对病原体的一般抵抗力以及影响动物群产生特异性的免疫应答等作用,使动物机体表现出不同的状态。

实践证明,规范化的饲养管理是提高养殖业经济效益和兽医综合性防疫水平的重要手段。在饲养管理制度健全的养殖场中,动物体的生长发育良好,抗病能力强,人工免疫的应答能力高,外界病原体侵入的机会少,因而疫病的发病率及其造成的损失相对较小。各种应激因素,如饲喂不及时、饮水不足、过冷、过热、通风不良导致的有害气体浓度升高、免疫接种、噪声、挫伤、疾病等因素长期持续作用或累积相加,达到或超过了动物能够承受的临界点时,可以导致机体的免疫应答能力和抵抗力下降而诱发或加重疫病。在规模化养殖场,人们往往将注意力集中到疫病的控制和扑灭措施上,而饲养管理条件和应激因素与机体健康的关系常常被忽略,从而形成了恶性循环。因此,动物疫病的综合防治工作需要在饲养管理条件和管理制度上进一步完善和加强。

任务三 人员、车辆及用具的防疫管理

【学习目标】

掌握养殖场人员、车辆及用具的防疫管理方法。

【操作与实施】

一、人员的防疫管理

人员在畜禽场之间、畜禽舍之间流动，是养殖场最大的潜在传播媒介。养殖场人员主要包括管理人员、畜牧和兽医技术人员、工勤人员以及外来人员。当人员从一个畜禽场到另一个畜禽场，或从一个畜禽舍到另一个畜禽舍，病原体就会通过他们的鞋、衣服、帽子、手、甚至分泌物、排泄物等传播开来。因此，畜禽生产中必须高度重视对各类人员的防疫管理。

（一）人员的培训

加强防疫宣传，做好防疫培训，增强各级各类人员的防疫意识。在场内利用各种方式，如标语、口号等加强防疫宣传。宣传的内容要简明扼要，易懂易记，除宣传经常性的防疫工作内容外，在不同情况下，根据防疫工作重点，制定专门的口号和标语。

利用各种方式，如讲座、进修、研讨会、录像、录音、考试等，对全体职工加强防疫培训。通过这些宣传和培训，使各级各类人员，包括场长、经理、饲养员、后勤人员、防疫人员都认识到防疫在畜禽生产中的重要性和自己对疫病发生所起的影响，掌握畜禽防疫的基本原则和基本技术。

（二）建立严格的人员防疫管理制度

1. 饲养人员要求

畜禽场工作的各类人员的家中，都不得饲养畜禽和鸟类，也不得从事与畜禽有关的商业活动、技术服务工作。否则，这些工作人员很容易把病原体从其他地点带至本地。工作人员也最好不从市场上购买畜禽产品，而由场内统一解决。

2. 人员消毒制度

在场工作的各类人员，进入生产区必须换鞋、更衣、洗澡，如条件不具备，至少也应当换鞋和更换外套衣服。进畜禽舍时要二次换鞋更衣。应当注意，生产区入

口处、消毒室内的紫外线灯因数量少,很难照射到下半身,并且照射时间短,其消毒效果并不可靠;生产区入口处消毒池和畜禽舍门口的消毒盆也可因消毒液浓度或时间长久而失效,消毒效果也不理想;因此,只有更换灭菌的鞋子、工作服才是可靠的。生产区的入口处消毒室应当预备多余的消毒鞋靴、工作服,供外来人员使用。

3.管理人员要带头遵守防疫制度

场长、经理、办公室的行政管理人员有时较易不遵守卫生规则、防疫制度。他们还经常参观访问许多不同类型的畜禽养殖企业、畜禽疾病研究机关,在这些单位很容易被病原体污染。因此,管理人员如能严格遵守卫生规则和防疫制度,起模范带头作用,畜禽场的一切防疫制度都比较容易落实。

4.饲养人员管理

(1)饲养人员应经常洗澡,换洗衣服、鞋袜、工作服,鞋、帽要经常消毒。

(2)每次进舍前需换工作服、鞋,并用紫外线照射消毒,手接触饲料和饮水前需用新洁尔灭或次氯酸钠等消毒。

(3)饲养员应固定岗位,不得串岗,不得随便进入其他畜禽舍。

(4)发生疫病畜禽舍的饲养员必须严格隔离,直至解除封锁。

5.严格管理勤杂人员

场内的勤杂人员包括维修工、电工、司机、炊事员、清粪工,他们的工作地点不固定,经常从一栋畜禽舍到另一栋畜禽舍,他们的工具也随之转移,对他们严格管理也是畜禽场人员管理的重要内容。

6.来宾管理

有时主管部门的领导会来畜禽场视察、检查,有时畜禽场还会邀请专家、学者来场指导。他们的活动范围很广,经常出入其他畜禽场,因此他们如果要进入生产区,必须进行严格的更衣和消毒。

7.拒绝来访

畜禽场周围居民,尤其是小孩,由于好奇,常希望到畜禽场参观;邻近的畜禽饲养者也相互走访,更有甚者他们会带几只死畜禽请场内兽医帮助诊断,这些都是疫病传播的原因,对于个体畜禽饲养者来说更是如此。如果邻近畜禽场发生了一种非常新奇的疫病,可以通过电话讨论。总之一句话,畜禽场应当拒绝一切无关人员的参观访问。

二、车辆、用具的防疫管理

畜禽场中可移动的车辆很多,如运料车、运蛋车、粪车等,可移动的用具包括饮水器、喂料器、扫帚、铁锹等,这些车辆、用具除要做定期消毒外,在管理上还应注意：

生产区内部的大型机动车不能挂牌照，不能开出生产区，仅供生产区内部使用。外来车辆一律在场区大门外停放。畜禽舍内的小型用具，每栋舍内都要有完整的一套，不得互相借用、挪用。生产周转用具不得在畜禽饲养场间串用，生产区内或畜禽舍内的生产周转用具不得带出生产区或畜禽舍，一旦带出，经严格消毒后才能重新进入生产区或消毒舍。不宜借用其他养殖场的车辆和用具，必须借用时，借用前后则应严格消毒。

任务四　饲料与饮水的管理

【学习目标】

掌握养殖场饲料的防霉措施，饮用水的防疫管理要求。

【操作与实施】

一、饲料的管理

(一)饲料管理总要求

(1)购买饲料成品或原料时应注意检查霉变情况，必要时可通过化验进行检验。曲霉菌对玉米、豆饼(粕)、花生饼(粕)的污染，有时虽肉眼检查不能发现，但足以造成畜禽尤其是家禽中毒。

(2)饲料运输、保藏的过程中应防止发霉变质，运输饲料的卡车必须带有篷布。料仓应当不漏雨，并有防潮措施，还应当有防鼠、防鸟措施。老鼠和鸟类，一方面偷食饲料，更重要的是它们可能把病原微生物带进饲料中，从而传进畜禽群。

(3)畜禽舍的小料库贮存的饲料一般不得超过 2 d 的饲喂量。

(二)饲料防霉措施

1.控制饲料原料的含水量

饲料原料的含水量要按国家标准执行，水分过高易于发霉。因此，谷物在收获后必须迅速干燥，使含水量在短时间内降到安全水分范围内，如稻谷含水量应降到13%以下，大豆、玉米、花生的含水量应分别降到 12%、12.5%、8%以下。我国北方允许含水量略高，购运时应予以注意，以防途中霉变。

2.控制饲料加工过程中的水分和温度

饲料加工后如果散热不充分即装袋、储存,会因温差大导致水分凝结,易引起饲料霉变。特别是在生产颗粒饲料时,要调整好冷却时间与所需空气量,使出机颗粒的含水量和温度达到规定的要求。一般而言,含水量在 12.5% 以下,温度一般可比室温高 3~5℃。

3.注意饲料产品的包装、储存与运输

饲料产品包装袋要求密封性能好,如有破损应停止使用。应保证有良好的储存条件,仓库要通风、阴凉、干燥,相对湿度不超过 70%。还可采用二氧化碳或氮气等惰性气体进行密闭保存。储存过程中还应防止虫害、鼠咬。运输饲料产品应防止途中受到雨淋和日晒。

4.应用饲料防霉剂

经过加工的饲料原料与配合饲料极易发霉,故在加工时可应用防霉剂。常用的防霉剂主要是有机酸类或其盐类,如丙酸、山梨酸、苯甲酸、乙酸及它们的盐类,其中以丙酸及其盐类丙酸钠和丙酸钙应用最广。目前多采用复合酸抑制霉菌的方法。

(三)预防沙门氏菌污染

饲料污染沙门氏菌是导致畜禽沙门氏菌病传播的重要原因。各种饲料原料均可发现沙门氏菌,尤以动物性饲料原料为多见,如骨粉、肉粉、鱼粉、皮革蛋白粉、羽毛粉和血粉等。防止饲料污染沙门氏菌,应从饲料原料的生产、储运和饲料加工、运输、储藏及饲喂动物各个环节采取相应的措施。

1.选择优质原料

无论用屠宰废弃物生产血粉、肉骨粉,还是利用低值鱼生产鱼粉及液体鱼蛋白饲料,都应以无传染病的动物为原料,不用传染病死畜或腐烂变质的畜禽、鱼类及其下脚料作原料。

2.科学加工处理

(1)发酵。良好的发酵条件可抑制杂菌的生长,大大减少饲料中的有害细菌。通过发酵减少杂菌并快速干燥是保证发酵饲料安全的有效措施。动物性饲料要严格控制含水量,如发酵血粉的含水量应控制在 8% 以下,而且要严格密封包装。

(2)热处理。通过热处理可有效地从饲料中除去沙门氏菌。制粒和膨化时的瞬间温度均较高,对热抵抗力弱的沙门氏菌或大肠菌有较强的抑制、杀灭作用,应合理选用。

3.正确使用

动物性饲料的包装必须严密,产品在运输过程中要防止包装袋破损和日晒雨淋;放置饲料的仓库应通风、阴凉、干燥、地势高;可防蚊、蝇、蟑螂等害虫和鼠、犬、猫、鸟类等动物的入侵;使用时,不宜在畜禽舍内堆放过多饲料。

4.添加有机酸

在饲料中添加各种有机酸,如甲酸、乙酸、丙酸、乳酸等,降低饲料 pH,可有效防止污染沙门氏菌。

二、饮水的管理

水是维持生命的主要物质,占动物组织成分的 55%～60%。水能溶解动物体内所需要的营养物质,运送营养,排出废物。为动物提供安全的饮水,防止动物因饮水染疫,是做好饮水管理的根本目的。

(一)养殖场的水源

养殖场的饮用水以自来水为好,同时要自备水源。水源要远离污染源,水源周围 50 m 内不得设置储粪场、渗漏厕所。水井设在地势高燥处,防止雨水、污水倒流引起污染。定期进行水质检测和微生物及寄生虫学检查,发现问题及时处理。

(二)水的细菌学指标

细菌学指标是评价水的质量指标之一,反映水受到微生物污染的状况。水中可能含有多种细菌,其中以埃希氏菌属、沙门氏菌属及钩端螺旋体属最为常见。在饮水卫生要求上总的原则是水中的细菌越少越好。评价水质卫生的细菌学指标通常有细菌总数和大肠菌群数。

《生活饮用水卫生标准》(GB 5749—2006)规定饮用水消毒细菌学指标应达到如下标准:菌落总数≤100 CFU(菌落形成单位)/mL;总大肠菌群不得检出。

(三)水的消毒

天然水应消毒后供给。水消毒的方法很多,如氯化法、煮沸法、紫外线照射法、臭氧法、超声波法。目前应用最广的是氯化消毒法,因为此法杀毒力强、设备简单、使用方便、费用低。常用的氯化消毒剂有液态氯、漂白粉(含有效氯 30%)或漂白粉精(含有效氯 60%～70%)、次氯酸钠、二氧化氯等。

集中式给水的加氯消毒主要用液态氯,经加氯机配成氯的水溶液或直接将氯气加入管道;分散式给水多用漂白粉精、漂白粉片以及二氧化氯。

（四）供水系统的清洗消毒

供水系统应定期冲洗（通常每周 1～2 次），可防止水管中沉积物的积聚。在集约化养鸡场实行全进全出制时，于新鸡群入舍之前，在进行鸡舍清洁的同时，也应对供水系统进行冲洗。清洁剂通常分为酸性清洁剂（如柠檬酸、醋酸等）和碱性清洁剂（如氨水）两类。使用清洁剂可除去供水管道中沉积的水垢、锈迹、水藻等，并与水中的钙或镁相结合。此外，在采用经水投药防治疾病时，于经水投药之前 2 d 和用药之后 2 d，也应使用清洁剂来清洗供水系统。

任务五　大生物害虫的管理

【学习目标】

掌握养殖场防虫灭虫及防鼠灭鼠的常用方法及注意事项。

【操作与实施】

大生物害虫就是肉眼可见的、可对畜禽生产带来安全隐患的生物。畜禽养殖场内大生物害虫主要是指节肢动物（蚊、蝇、虻和蜱等）、鼠类、一些野生鸟类和宠物（犬、猫等），他们都是疫病发生和流行的传播媒介，不可忽视。因此，养殖场等应加强动物管理，及时发现并驱赶混入动物群中的野生动物或其他畜禽，严格采取杀虫灭鼠措施，切断传播途径。

一、防虫灭虫技术

畜禽养殖中主要的致病害虫有蚊、蝇、蟑螂、白蛉、螫、虻、蚋等吸血昆虫以及虱、蜱、螨、蚤和其他害虫等。一方面，它们可通过直接叮咬动物传播疾病，如蚊可传播痢疾、乙型脑炎、丝虫病等；同时，叮咬造成的局部损伤、奇痒、皮炎、过敏等会影响畜禽休息，降低机体免疫功能。另一方面，害虫通过携带的病原微生物污染环境、器械、设备以及饮水、饲料等，也会间接传播疫病。因此，杀灭致病害虫有利于保持畜禽养殖场、屠宰厂、加工厂等场所环境卫生，减少疫病传播，维护人类和动物的健康。

（一）防虫灭虫的方法

1.环境卫生防虫法

搞好养殖场环境卫生，保持环境清洁干燥，是减少或杀灭蚊、蝇、螫等昆虫的基本措施。如蚊虫需在水中产卵、孵化和发育,蝇蛆也需在潮湿的环境及粪便等废弃物中生长。因此,应填平无用的污水池、土坑、水沟和洼地;定期疏通阴沟、沟渠等,保持排水系统畅通。对贮水池、贮粪池等容器加盖,并保持四周环境的清洁,以防昆虫如蚊、蝇等飞入产卵。对不能加盖的贮水器,在蚊蝇滋生季节,应定期换水。永久性水体(如鱼塘、池塘等),蚊虫多滋生在水浅而有植被的边缘区域,修整边岸,加大坡度和填充浅湾,能有效地防止蚊虫滋生。圈舍内的粪便应及时清除并合理处理。

2. 物理杀虫法

利用机械方法以及光、声、电等物理方法,捕杀、诱杀或驱逐蚊蝇。我国生产的多种紫外线光或其他光诱器,特别是四周装有电栅,通有将 220 V 变为 5 500 V 的 10 mA 电流的蚊蝇光诱器,杀虫效果良好。此外,可以发出声波或超声波并能将蚊蝇驱逐的电子驱蚊器等也具有防虫效果(图 1-4)。

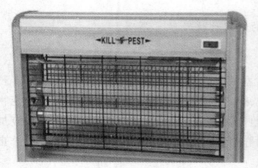

图 1-4　蚊蝇诱灭器

3. 生物杀虫法

是指用昆虫的天敌、病菌或雄虫绝育技术控制昆虫繁殖等方法来杀灭昆虫。如池塘养鱼即可达到利用鱼类灭蚊的目的;可应用细菌内毒素制剂杀灭吸血蚊的幼虫;利用雄虫绝育控制昆虫繁殖,是近年来研究的新技术,其原理是用辐射使雄性昆虫绝育,然后大量释放,使一定地区内的昆虫繁殖减少。

4. 化学杀虫法

使用天然或合成的毒物,以不同的剂型(粉剂、乳剂、油剂、水悬剂、颗粒剂、缓释剂等),通过不同途径(胃毒、触杀、熏杀、内吸等)毒杀或驱逐昆虫。此法使用方便、见效快,是杀灭蚊蝇等害虫的较好方法。常用杀虫剂的性能及使用方法见表 1-1。

表 1-1　常用杀虫剂的性能及使用方法

名称	性状	防治对象	使用方法及特性
马拉硫磷	棕色、油状液体，强烈臭味	蚊（幼）、蝇、蚤、蟑螂、螨	0.2%～0.5%乳油喷雾，灭蚊、蚤；3%粉剂喷洒灭螨、蜱。其杀虫作用强而快，具有胃毒、触毒作用，也可作熏杀，杀虫范围广；对人、畜毒害小，适于畜舍内使用。世界卫生组织推荐的室内滞留喷洒杀虫剂
二溴磷	黄色、油状液体，微辛辣	蚊（幼）、蝇、蚤、蟑螂、螨、蜱	产品为50%的油乳剂。0.05%～0.1%用于灭室内外蚊、蝇、臭虫等；野外用5%浓度。毒性较强
杀螟松	红棕色、油状液体，蒜臭味	蚊（幼）、蝇、蚤、臭虫、螨、蜱	40%的湿性粉剂灭蚊蝇及臭虫；2 mg/L灭蚊。低毒、无残留
地亚农	棕色、油状液体，酯味	蚊（幼）、蝇、蚤、臭虫、蟑螂及体表害虫	喷洒0.5%，喷浇0.05%；撒布2%粉剂。中等毒性，水中易分解
皮蝇磷	白色结晶粉末，微臭	体表害虫	0.25%喷涂皮肤，1%～2%乳剂灭臭虫。低毒，但对农作物有害
辛硫磷	红棕色、油状液体，微臭	蚊（幼）、蝇、蚤、臭虫、螨、蜱	2 g/m² 室内喷洒灭蚊蝇；50%油乳剂灭成蚊或水体内幼蚊。低毒、日光下短效
双硫磷	棕色、黏稠液体	幼蚊、人蚤	5%油乳剂喷洒，0.5～1 mL/L撒布，1 mg/L颗粒剂撒布。低毒稳定
杀虫畏	白色固体，有臭味	家蝇及家畜体表寄生虫（蝇、蜱、蚊、虻、蚋）	20%乳剂喷洒，涂布家畜体表，50%粉剂喷洒体表灭虫。微毒
毒死蜱	白色结晶粉末	蚊（幼）、蝇、螨、蟑螂及仓储害虫	2 g/m² 喷洒物体表面。中等毒性
害虫敌	淡黄色、油状液体	蚊（幼）、蝇、蚤、蟑螂、螨、蜱	2.5%的稀释液喷洒；2%粉剂，1～2 g/m²撒布；2%气雾。低毒
西维因	灰褐色、粉末	蚊（幼）、蝇、臭虫、蜱	25%的可湿性粉剂和5%粉剂撒布或喷洒。低毒
速灭威	灰黄色、粉末	蚊、蝇	25%的可湿性粉剂和30%乳油喷雾灭蚊。中等毒性
双乙威	白色结晶、芳香味	蚊、蝇	50%的可湿性粉剂喷雾、2 g/m² 喷洒灭成蚊。中等毒性
残撒威	白色结晶粉末、酯味	蚊（幼）、蝇、蟑螂	2 g/m² 用于灭蚊、蝇，10%粉剂局部喷洒灭蟑螂。中等毒性
丙烯菊酯	淡黄色、油状液体	各种医学昆虫	0.5%粉剂、0.6%蚊香，与其他杀虫剂配伍使用。低毒
胺菊酯	白色结晶	蚊（幼）、蝇、蟑螂、臭虫	0.3%油剂，气雾剂，需与其他杀虫剂配伍使用。微毒

(二)防虫灭虫注意点

1.减少污染

利用生物或生物的代谢产物防治害虫,对人畜安全,不污染环境,有较长的持续杀灭作用。如保护好益鸟、益虫等,可充分利用天敌杀虫。

2.正确选择杀虫剂

不同杀虫剂有不同杀虫谱,要选择高效、长效、速杀、广谱、低毒无害、低残留和廉价的杀虫剂。

二、防鼠灭鼠技术

鼠是许多疫病病原的贮存宿主,可通过排泄物污染、机械携带及咬伤畜禽的方式,直接或间接传播多种传染病,如鼠疫、钩端螺旋体病、脑炎、流行性出血热、鼠咬热等。另外,鼠盗食糟蹋饲料,破坏畜禽舍建筑、设施等,对养殖业危害极大。因此,必须采取防鼠灭鼠措施,消除鼠患。防鼠灭鼠工作应从两个方面进行:一方面应从鼠类的生物学特点出发进行防鼠灭鼠,即从畜禽舍的建筑和卫生措施着手,来预防鼠类的滋生和活动,最大限度降低鼠类生存环境,使之难以觅食藏身;另一方面是采取各种方法直接灭鼠。

(一)防鼠措施

1.防止鼠类进入建筑物

鼠类多从墙基、天棚、瓦顶等处窜入室内。在设计施工时应注意:畜禽舍和饲料仓库应是砖、水泥结构,设立防鼠沟,建好防鼠墙,门窗关闭严密;墙基最好用水泥制成,碎石和砖砌的墙基,应用灰浆抹缝;墙面应平直光滑,切缝不严的空心墙体,鼠易隐匿营巢,要填补抹平;为防止鼠类爬上屋顶,可将墙角处做成圆弧形;墙体上部与天棚衔接处应砌实,不留空隙;瓦顶房屋应缩小瓦缝和瓦、椽的空隙并填实;用砖、石铺设的地面,应衔接紧密并用水泥灰浆填缝;各种管道周围要用水泥填平;通气孔、地脚窗、排水沟(粪尿沟)出口均应安装孔径小于 1 cm 的铁丝网,以防鼠类窜入;及时堵塞畜禽舍外上下水道和通风口处等的管道空隙。

2.清理环境

鼠喜欢黑暗和杂乱的场所。因此,畜禽舍、屠宰厂和加工厂等地要通畅、明亮,物品要放置整齐,使害鼠不易藏身。畜禽舍周围不能堆放杂物,及时清除生活垃圾,发现鼠洞要立即堵塞。

3.断绝食物来源

大量饲料应装袋,放在离地面 15 cm 的台架上,少量饲料可放在水泥结构的饲料箱或大缸中,并且要加金属盖,散落在地面的饲料要立即清扫干净,老鼠无法接触到饲料,则会离开畜禽舍。

4.改造厕所和粪池

鼠可吞食粪便,厕所和粪池极易吸引鼠。因此,应改造厕所和粪池的结构,使老鼠无法接触到粪便,同时也使老鼠失去藏身的地方。

(二)灭鼠措施

1.器械灭鼠

即采用各种灭鼠器械扑鼠、灭鼠,如电击、夹、粘、压、扑、套、挖(洞)、灌(洞)等,也可使用电子猫、电子变频驱鼠器等方法灭鼠(图1-5)。该方法简便易行、效果确实。

图 1-5　电子灭鼠器

2.熏蒸灭鼠

某些药物在常温下易气化为有毒气体或通过化学反应产生有毒气体,这类药剂通称熏蒸剂。利用有毒气体使鼠吸入而中毒致死的灭鼠方法称熏蒸灭鼠。此法不必考虑鼠的习性,兼有杀虫作用,对畜禽较安全。主要用于仓库及其他密闭场所的灭鼠,还可以灭杀洞内鼠。目前使用的熏蒸剂有化学熏蒸剂如磷化铝等和灭鼠烟剂。

3.毒饵灭鼠

也可称为化学灭鼠,即将化学药物加入饵料或水中,使鼠致死的方法称为毒饵灭鼠。毒饵灭鼠效率高、使用方便、成本低、见效快,缺点是能引起人、畜中毒,有些老鼠对药剂有选择性、拒食性和耐药性。所以,使用时需选好药剂和注意使用方法,以保证安全有效,禁用国家不准使用的灭鼠剂(如氟乙酰胺、毒鼠强)。一般情况下,4～5月份是各种鼠类觅食、交配期,也是灭鼠的最佳时期。灭鼠药剂种类很多,主要有灭鼠剂、熏蒸剂、烟剂、化学绝育剂等。养殖场的鼠类以孵化室、饲料库、畜禽舍最多,是灭鼠的重点场所。投放毒饵时,应防止毒饵混入饲料或被人畜误食。鼠尸应及时清理,以防被动物误食而发生二次中毒。选用鼠长期吃惯了的食物作饵料,突然投放,饵料充足,分布广泛,以保证灭鼠的效果。常用的化学灭鼠药物及特性见表 1-2。

表 1-2 常用的化学灭鼠药物及特性

分类	商品名称	常用配制方法及浓度	安全性
慢性灭鼠剂	特杀鼠 2 号(复方灭鼠剂)	浓度 0.05%~1%,浸渍法、混合法配制毒饵,也可配制毒水使用	安全,有特效解毒剂
	特杀鼠 3 号	浓度 0.005%~0.01%,配制方法同特杀鼠 2 号	安全,有特效解毒剂
	敌鼠(二苯杀鼠酮、双苯杀鼠酮)	浓度 0.05%~0.3%,黏附法配制毒饵	安全,对猫、犬有一定危险,有特效解毒剂
	敌鼠钠盐	浓度 0.05%~0.3%,配制毒水使用	安全,对猫、犬有一定危险,有特效解毒剂
	杀鼠灵(灭鼠灵)	浓度 0.025%~0.05%,黏附法、混合法配制毒饵	猫、犬和猪敏感,有特效解毒药
	杀鼠迷(香豆素、立克命、萘满)	浓度 0.0375%~0.075%,黏附法、混合法和浸泡法配制毒饵	安全,有特效解毒剂
	氯敌鼠(氯鼠酮)	浓度 0.005%~0.025%,黏附法、混合法和浸泡法配制毒饵	安全,犬较敏感,有特效解毒剂
	大隆(溴鼠灵)	浓度 0.001%~0.005%,浸泡法配制毒饵	不太安全,有特效解毒剂
	溴敌隆(乐万通)	浓度 0.005%~0.01%,黏附法、混合法配制毒饵	兔、猪、犬、猫和家禽等注意安全,有特效解毒剂
熏杀药	磷化铝	室内(密闭 3~7 d),6~12 g/m³,直接投放鼠洞 0.5~2 片,每片 3.3 g	高毒,无特效解毒药
生物毒素	C 型肉毒梭菌毒素	配制成水剂毒素毒饵或冻干毒素毒饵	安全性好

项目二 消毒技术

任务一 使用消毒设备

【学习目标】

掌握物理消毒常用设备、化学消毒常用设备、生物消毒常用设备使用方法及适用对象。

【操作与实施】

一、物理消毒常用设备

（一）高压清洗机

高压清洗机是通过动力装置使高压柱塞泵产生高压水来冲洗物体表面的机器，能将污垢剥离、冲走达到清洗物体表面的目的（图1-6）。其用途主要是冲洗养殖场场地、畜舍建筑、养殖场设施、设备、车辆等。

图1-6　电动高压清洗机

(二)紫外线灯

目前市售的紫外线灯有多种形式,如直管形、H形、U形等,功率从几瓦到几十瓦不等,使用寿命在300 h左右。国内消毒用紫外线灯光的波长绝大多数在253.7 nm左右。普通紫外线灯管由于照射时辐射部分184.9 nm波长的紫外线可产生臭氧,也称有臭氧紫外线灯。

1.使用方法

(1)固定式照射。将紫外线灯悬挂、固定在天花板或墙壁上,向下或侧向照射。该方式多用于需要经常进行空气消毒的场所,如兽医室、进场大门消毒室、无菌室等。紫外线灯一般于空间6~15 m³ 安装一只,灯管距地面2.5~3 m为宜,紫外线灯于室内温度10~15℃,相对湿度40%~60%的环境中使用杀菌效果最佳。照射的时间应不少于30 min。

(2)移动式照射。将紫外线灯管装于活动式灯架下,适于不需要经常进行消毒或不便于安装紫外线灯管的场所(图1-7)。消毒效果依据照射强度不同而异,如达到足够的辐射度值,同样可获得较好的消毒效果。

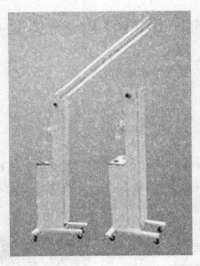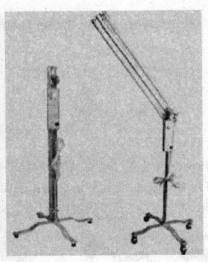

图1-7 移动紫外线消毒灯

2.使用注意事项

(1)选用合适反光罩,增强紫外线灯光的照射强度。注意保持灯管的清洁,定期清洁灯管。不使用时,不要频繁开闭紫外线灯,以延长紫外线灯的使用寿命。

(2)照射消毒时,应关闭门窗。人不应该直视灯管,以免伤害眼镜(紫外线可以引起结膜炎和角膜炎)。人员照射消毒时间为20~30 min。

（3）空气的湿度和尘埃能吸收紫外线，因经常擦拭灯管，保持清洁，在湿度较高和粉尘较多时，应适度增加紫外线的照射强度和剂量。

（4）紫外线不能穿透不透明物体和普通玻璃，因此，受照物应在紫外灯的直射光线下，衣物等应尽量展开。

（三）干热灭菌设备

1.热空气灭菌设备

主要有电热鼓风干燥箱（图 1-8），用途是对玻璃仪器如烧杯、烧瓶、试管、吸管、培养皿、玻璃注射器、针头、滑石粉、凡士林以及液体石蜡等按照兽医室规模进行配置灭菌。

图 1-8 　电热鼓风干燥箱

使用中注意在干热的情况下，由于热的穿透力低，灭菌时间要掌握好。一般细菌繁殖体在 100℃经 1.5 h 才能杀死；芽孢 140℃经 3 h 杀死；真菌孢子 100～115℃经 1.5 h 杀死。灭菌时也可将待灭菌的物品放进烘箱内，使温度逐渐上升到 160～180℃热穿透至被消毒物品中心，经 2～3 h 可杀死全部细菌及芽孢。

2.火焰灭菌设备

主要是火焰专用型喷灯和喷雾火焰兼用型，直接用火焰灼烧，可以立即杀死存在于消毒对象的全部病原微生物。

（1）火焰喷灯。是利用汽油或煤油作燃料的一种工业用喷灯（图 1-9）。因喷出的火焰具有很高的温

图 1-9 　火焰喷灯

度,所以在实践中常用于消毒各种被病原体污染的金属制品,如管理家畜用的用具,金属的笼具等。但在消毒时不要喷烧过久,以免将消毒物烧坏,在消毒时还应有一定的顺序,以免发生遗漏。

(2)喷雾火焰兼用型。产品特点是使用轻便,适用于大型机种无法操作的地方;易于携带,适宜室内外、小型及中型面积处理,方便快捷;操作容易;采用全不锈钢,机件坚固耐用(图 1-10)。兼用型除上述特点外,还很节省药剂,可根据被使用的场所和目的,用旋转式药剂开关来调节药量;节省人工费用,用 1 台烟雾消毒器能达到 10 台手压式喷雾器的作业效率;消毒器喷出的直径 5～30 μm 的小粒子形成雾状浸透在每个角落,可达到最大的消毒效果。

图 1-10　喷雾火焰兼用型

(四)湿热灭菌设备

1.煮沸消毒设备

主要有铁锅、铝锅、煮沸消毒器等(图 1-11)。此法简单、方便、经济实用而有效,是常用的消毒方法。大部分非芽孢病原菌、真菌、立克次体、螺旋体及病毒在100℃沸水中迅速死亡;大多数芽孢经煮沸 15～30 min 可被杀灭。此法适于金属制品和耐煮沸品的消毒。在铁锅、铝锅或煮沸消毒器中放入被消毒物品,加水浸没,加盖煮沸一定时间即可。在水中加入 1%～2% 的苏打或 0.5% 的肥皂,有防止金属器械生锈和增强消毒的作用。

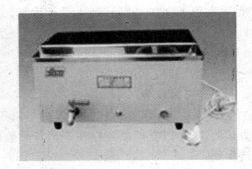

图 1-11　煮沸消毒器

2.蒸汽灭菌设备

主要是高压蒸汽灭菌锅(图 1-12),在兽医实验室和诊断室应用较多。高压蒸汽灭菌锅的原理是将待灭菌的物品放在一个密闭的加压内层锅内,通过加热,使灭菌锅隔套间的水沸腾而产生蒸汽。排出锅内的空气,使水蒸气充满内部空间,待水蒸气急剧地将锅内的冷空气从排气阀中驱尽,然后关闭排气阀,继续加热,此时由于蒸汽不能溢出,而增加了灭菌器的压力,从而使沸点增高,得到高于 100℃ 的温度,此时,水蒸气与被灭菌的物体接触后,放出汽化潜热,随着锅内压力不断增加,温度随之增加,最终达到灭菌所要求的温度,使细菌蛋白质、核酸等的化学结构遭到破坏,失去生物学活性,从而达到灭菌目的。由于蒸汽是一种无色、无味、无毒、无臭的无害气体,生产成本低、获取方法简单、温度高、穿透力强,是一种灭菌效果好、无污染的灭菌方法。

图 1-12　高压灭菌器

二、化学消毒常用设备

(一)喷雾器

1.喷雾器的种类

(1)背负式手动喷雾器。主要用于场地、畜舍、设施和带畜(禽)的喷雾消毒。产品结构简单,保养方便,喷洒效率高(图 1-13)。

(2)动力喷雾器。常用于场地消毒以及畜舍消毒使用(图 1-14)。设备特点是:有动力装置;重量轻,振动小,噪声低;高压喷雾,高效、安全、经济、耐用;用少量的液体即可进行大面积消毒,且喷雾迅速。

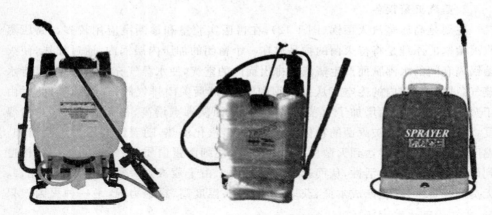

图 1-13　背负式手动喷雾器

图 1-14　动力喷雾器

　　高压机动喷雾器主要由喷管、药水箱、燃料箱、高效二冲程发动机组成,使用中需注意佩戴防护面具或安全护目镜及合适的防噪声装置。

　　(3)大功率喷洒机。用于大面积喷洒消毒,尤其在场区环境消毒中、疫区环境消毒防疫中使用。产品特点是二冲程发动机强劲有力,不仅驱动着行驶,而且驱动着辐射式喷洒及活塞膜片式水泵。进、退各两档,使其具有爬坡能力及良好的地形适应性,快速离合及可调节手闸保证在特殊的山坡上也能安全工作。主要结构是较大排气量的二冲程发动机带有变速装置,药箱容积相对较大,适宜连续消毒作业。每分钟喷洒量大,同时具有较大的喷洒压力,可短时间内胜任大量的消毒工作(图1-15)。

图1-15　大功率喷雾消毒机

　　2.喷雾器的使用注意事项

　　装药时,消毒剂中的不溶性杂质和沉渣不能进入喷雾器,以免在喷洒过程中出现喷头堵塞现象。药物不能装得太满,以八成为宜,否则,不易打气或造成筒身爆裂。喷洒时将喷头高举空中,喷嘴向上以画圆圈方式先内后外逐步喷洒,使药液如雾一样缓慢下落。要喷到墙壁、屋顶、地面,以均匀湿润和畜禽体表稍湿为宜,不得直喷畜禽。喷出的雾粒直径应控制在 $80\sim120~\mu m$,不要小于 $50~\mu m$。消毒完成后,当喷雾器内压力很强时,先打开旁边的小螺丝放完气,再打开桶盖,倒出剩余的药液,用清水将喷管、喷头和筒体冲干净,晾干或擦干后放在通风、阴凉、干燥处保存,切忌阳光暴晒。

　　(二)消毒液机

　　消毒液机是以盐和水为原料,通过电化学方法生产高效、广谱、强力消毒剂的新型设备(图1-16)。产生的消毒液主要成分为次氯酸钠、二氧化氯、过氧化氢等杀菌因子。杀菌力强大,在低浓度下可以强力杀菌,对大部分细菌病毒起作用。由于可以现用现制、快速生产,适用于畜禽养殖场、屠宰场、运输车船、人员防护消毒以及发生疫情的病原污染区的大面积消毒。

图 1-16　消毒液机

由于消毒机产品整体的技术水平参差不齐,养殖场在选择消毒机类产品时,主要应注意三个方面:一是消毒机是否能生产复合消毒剂;二是要注意消毒机的安全性;三是使用寿命。在满足安全生产的前提下,选择安全系数高,药液产量、浓度正负误差小,使用寿命长的优质产品。好的消毒液机使用寿命可高达 30 000 h。

(三)臭氧空气消毒机

臭氧空气消毒机多是采用脉冲高压放电技术将空气中一定量的氧电离分解后形成臭氧,并配合控制系统组成新型消毒器械(图 1-17)。其主要结构包括臭氧发生器、专用配套电源、风机和控制器等部分。

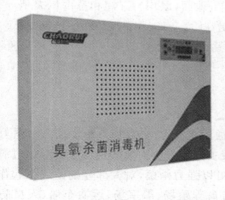

图 1-17　臭氧空气消毒机

常见的有移动式臭氧消毒机、柜式臭氧消毒机等类型,主要用于在养殖场的兽医室、大门口消毒室的环境空气的消毒,生产车间的空气消毒,如屠宰行业的生产车间、畜禽产品的加工车间以及其他洁净区的消毒。臭氧是一种强氧化杀菌剂,对细菌、病毒等微生物内部结构有极强的氧化破坏性,可达到杀灭细菌繁殖体、芽孢、真菌和原虫胞囊等各种细菌,还可以破坏肉毒杆菌的毒素及立克次氏体等。消毒时呈弥漫扩散方式,因此消毒彻底、无死角,消毒效果好。臭氧稳定性极差,常温下30 min 后自行分解,因此消毒后无残留毒性,被公认为"洁净消毒剂"。

三、生物消毒常用设备

(一)发酵池

1. 动物尸体发酵池

动物尸体发酵池一般为井式(图 1-18),深达 9～10 m,直径 2～3 m,坑口高出地面 30 cm 左右,并用盖子盖住。将尸体投入坑内,堆到距坑口 1.5 m 处,盖上盖子,经 3～5 个月发酵处理后,尸体即可完全腐败分解。

图 1-18　动物尸体发酵池

2. 粪便发酵池

粪便发酵池可筑成方形或圆形(图 1-19),池的边缘与池底用砖砌后再抹以水泥,使其不透水。如果土质干枯、地下水位低,可以不用砖和水泥。使用时先在池底倒一层干粪,然后将每天清除出的粪便垫草等倒入池内,直到快满时,在粪便表面铺一层干粪或杂草,上面盖一层泥土封好。如条件许可,可用木板盖上,以利于发酵和保持卫生。粪便经上述方法处理后,经过 1～3 个月即可掏出作为肥料。

图 1-19　粪便发酵池

(二)沼气池

　　为了有效解决畜禽生产中粪污对生态环境的污染问题,近年来普遍采用畜禽养殖-沼气工程结合养殖模式。该模式以畜禽养殖为中心,以沼气为纽带,把养殖业与其他产业有机结合起来,使畜禽粪、尿和污水通过沼气池发酵,不但可以减少对生态环境的破坏,而且可以变废为宝,使养殖废物得到综合利用,节约资源,提高效益(图 1-20)。

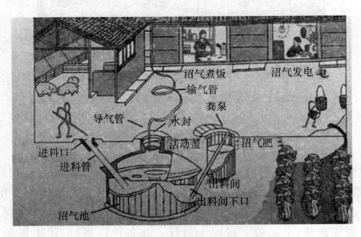

图 1-20　沼气生产、利用模拟图

任务二　化学消毒剂的类型及特性

【学习目标】

了解化学消毒剂的类型、特性、适用对象及注意事项。

【操作与实施】

一、含氯消毒剂

含氯消毒剂是指在水中能产生杀菌作用的活性次氯酸的一类消毒剂,其杀菌作用主要为氧化作用、氯化作用,有效氯含量越高杀菌力越强。

（一）漂白粉

漂白粉主要成分是次氯酸钙$[Ca(Cl_3O)_2]$,有效氯含量为30%～38%。白色或灰白色粉末或颗粒,有显著的氯臭味,很不稳定,吸湿性强,易受光、热、水和乙醇等作用而分解。漂白粉溶解于水,其水溶液可以使石蕊试纸变蓝,随后逐渐褪色而变白。遇空气中的二氧化碳可游离出次氯酸,遇稀盐酸则产生大量的氧气。保存时应装于密闭干燥的容器中,即使在有效的保存情况下,有效氯每月会失散1%～2%,由于杀菌作用与有效氯含量有密切关系,当有效氯低于16%时,不宜消毒,因此在使用漂白粉前,应测定有效氯的含量。

漂白粉的杀菌作用快而强,0.5%～1%的溶液在5 min内可杀死多种细菌、病毒、真菌。主要用于禽舍、水槽及粪便的消毒,漂白粉对金属有腐蚀作用。

（二）氯胺（氯亚明）

为结晶粉末,易溶于水,含有效氯11%以上,性质稳定,在密闭条件下可以长期保存,消毒作用缓慢而持久。饮水消毒按4 g/m³,圈舍及污染器具消毒时则用0.5%～5%水溶液。

（三）次氯酸钠

属于氧化性消毒剂,高效、快速、广谱,可杀死各种微生物,有效氯为12%。饮水消毒1 m³水加药30～50 mg,作用30 min,环境消毒1 m³水加药20～50 g。

（四）消菌灵

主要成分是氯溴异氰尿酸,有效成分是氯和溴,它具有有机氯消毒剂的一切优点。消菌灵以 1∶2 000 的浓度喷洒空气 1 h 后,除菌率达 93.8%。消毒地面后 1 h 除菌率为 98.8%。

二、碘类消毒剂

含碘消毒剂包括碘及碘为主要杀菌成分制成的各种制剂,属于广谱消毒剂。可有效杀灭各种微生物。碘有较强的杀菌作用,不仅能杀灭各种细菌,而且也能杀灭霉菌、病毒和原虫。含游离碘 0.05% 的碘溶液在 1 min 内能杀灭大部分病菌,杀灭芽孢需 15 min,杀死金黄色葡萄球菌比氯强。碘消毒受 pH、有机物和浓度的影响。常见的含碘消毒剂有:

(一)碘伏

是碘与表面活性剂及增强剂等形成的稳定的络合物,有非离子型、阳离子型和阴离子型三种。可做饮水消毒,1 m³ 水中加 0.2 g 即可饮用,0.2% 的碘伏可冲洗子宫、乳室等,0.3%～0.4% 的碘伏可直接冲洗创口。

(二)碘酒(碘酊)

含有效碘 2%～2.5%,常用于外科皮肤消毒。

(三)碘甘油

含有效碘 1%,常用于口腔黏膜、乳房皮肤消毒及清洗脓腔。

三、醛类消毒剂

醛类消毒剂的共同特点是杀菌力强,杀菌谱广,均可用于灭菌。其缺点是有刺激性和毒性。常用的主要有甲醛、戊二醛和聚甲醛等。

(一)甲醛

在水中溶解度为 37%～40%。熏蒸的常用量为每立方米空间甲醛 10 g,时间 60 min;泼洒的浓度为 5%,时间 15 min;浸泡器械为 1%,时间 120 min。

(二)戊二醛

戊二醛原为病理标本固定剂,它的碱性水溶液具有良好的杀菌作用。当 pH 为 7.5～8.5 时,作用最强,可杀灭细菌的繁殖体和芽孢、真菌、病毒,其作用较甲醛强 2～10 倍。有机物对其作用的影响不大。对组织的刺激性弱,碱性溶液可腐蚀铝制品。

(三)聚甲醛

为甲醛的复合物,具甲醛特臭的白色疏松粉末。在冷水中溶解缓慢,在热水中很快溶解。溶于稀碱和稀酸溶液。聚甲醛本身无消毒作用,常温下缓慢解聚,放出甲醛。加热(低于100℃)熔融时很快产生大量的甲醛气体,呈现强大的杀菌作用。主要用于环境熏蒸消毒,用量为3~5 g/m³。

四、氧化剂类

氧化剂可通过氧化反应达到杀菌目的。其原理是:氧化剂直接与菌体或酶蛋白中的氨基、羧基等发生反应而损伤细胞结构,或使病原体酪蛋白中—SH氧化变为—S—S—而抑制代谢机能,病原体因而死亡;或通过氧化作用破坏细菌代谢所必需的成分,使代谢失去平衡而使细菌死亡;也可通过氧化反应,加速代谢过程、损害细菌的生长过程,而使细菌死亡。常用的氧化剂类消毒剂有过氧乙酸、高锰酸钾和过氧化氢。

(一)过氧乙酸(过醋酸)

是一种广谱杀菌剂,对细菌、病毒、芽孢、霉菌等有杀灭作用,有强烈的醋酸味,性质不稳定,易挥发,在酸性环境中作用力强,不能在碱性环境中使用。最好用市售20%的浓度、半年之内生产的,并且要现配现用。0.1%溶液可用于带畜禽消毒,0.3%~0.5%溶液可用于猪舍、饲槽、墙壁、通道和车辆的喷雾消毒。

(二)高锰酸钾(过锰酸钾)

遇有机物可放出氧,常与甲醛溶液混合用于猪舍、孵化室、种蛋库的空气熏蒸消毒,也可用作饮水消毒。其0.05%~0.1%溶液用于饮水消毒,0.1%溶液用于黏膜创伤、溃疡、深部化脓创的冲洗消毒,也可用于洗胃,氧化毒物以解救动物生物碱和氰化物中毒;0.5%溶液可用于尿道或子宫洗涤;2%~5%水溶液用于浸泡、洗刷饮水器及饲料桶等。

(三)过氧化氢(双氧水)

具有杀菌作用,速度快,且能清除碎屑;但穿透力差,杀菌力稍显薄弱。主要用于创伤消毒,可用3%溶液冲洗污染创、深部化脓创和瘘管等。

五、酚类消毒剂

酚类是以羟基取代苯环上的氢而生成的一类化合物,包括苯酚、煤酚、六氯酚等。酚类化合物的特点为:在适当浓度下,几乎对所有不产生芽孢的繁殖型细菌具有杀灭作用,它的缺点是,对芽孢无效,对病毒作用差,不易杀灭排泄物深层的病原体。对蛋白质的亲和力较小,它的抗菌活性不易受环境中有机物和细菌数目的影响,因此在生产中常用来消毒粪便及畜禽舍消毒池消毒之用;化学性质稳定,不会

因贮存时间过久或遇热改变药效。常用的酚类有:

(一)苯酚

苯酚为无色或淡红色针状结晶,易潮解溶于水及有机溶剂,见光色渐变深。本品能使菌体蛋白质变性、凝固而呈现杀菌作用。0.2%的浓度可抑制一般细菌的生长,杀菌需要 1%以上的浓度。芽孢和病毒对它有耐受性。生产中多用 3%~5%的浓度消毒畜禽舍及笼具。因苯酚对组织的穿透力强,有刺激性,所以不作皮肤、创伤局部抗感染药用。

(二)煤酚

煤酚抗菌作用比苯酚大 3 倍,毒性大致相等,由于消毒时的浓度较低,相对来说比苯酚安全,而且煤酚的价格低廉,因此,消毒用药远比苯酚广泛。煤酚的水溶性较差,通常用肥皂来乳化,50%的肥皂液称煤酚皂溶液,即来苏儿,它是酚类中最常用的消毒药。煤酚皂溶液是一般繁殖型病原菌良好的消毒液,对芽孢和病毒的消毒并不可靠。常用 3%~5%的溶液消毒禽舍、笼具、地面等,也用于环境及粪便消毒。由于酚类消毒剂对组织、黏膜都有刺激性,所以煤酚也不能用来带畜禽消毒。

(三)复合酚

复合酚亦称农乐、菌毒敌。含酚 41%~49%、醋酸 22%~26%,为深红褐色黏稠液,有特臭,是国内生产的新型、广谱、高效消毒剂。可杀灭细菌、霉菌和病毒,对多种寄生虫虫卵也有杀灭作用。0.35%~1%的溶液可用于畜禽舍、笼具、饲养场地及粪便的消毒。喷药一次,药效维持 7 d。对严重污染的环境,可适当增加浓度与喷洒次数。

六、表面活性剂

季胺盐类为最常用的一类阳离子表面活性剂,可杀灭大多数种类的繁殖性细菌、真菌以及部分病毒,不能杀死芽孢、结核杆菌和绿脓杆菌。低浓度呈抑菌作用,高浓度呈杀菌作用。对革兰氏阳性菌的作用比对革兰氏阴性菌的作用强。杀菌作用迅速、刺激性弱、毒性低,不腐蚀金属和橡胶,但杀菌效果受有机物影响较大,故不适用于畜禽舍和环境消毒。在消毒器具前,应先机械清除其表面的有机物。常见的有以下几种:

(一)苯扎溴铵(新洁尔灭)

新洁尔灭具有较强的去污和消毒作用,性质稳定,无刺激性,无腐蚀性,对多数革兰氏阳性菌和阴性菌均有杀灭作用,但对病毒、霉菌效果较差。上述消毒剂

0.1%水溶液用于浸泡消毒各种器械(如金属器械需加0.5%亚硝酸钠以防锈)、玻璃、搪瓷、橡胶制品及衣物等,需要浸泡30 min。使用该类消毒剂时应注意避免与肥皂或碱类接触,以免降低消毒效力。

(二)醋酸氯己定(洗必泰)

为阳离子表面活性剂,抗菌作用强于新洁尔灭,其作用迅速且持久,毒性低,与新洁尔灭联用对大肠杆菌有协同杀菌作用,两药混合液呈相加消毒效力。洗必泰溶液常用于皮肤、术野、创面、器械、用具等的消毒,消毒效力与碘酊相当。0.5%水溶液或醇(以70%乙醇配制)溶液用于皮肤消毒;0.05%溶液用于黏膜和创面消毒;0.02%溶液用于手消毒;0.1%的溶液用于器械消毒。

七、醇类消毒剂

醇类为使用较早的一类消毒防腐药。醇类消毒防腐药的优点是:性质稳定、作用迅速、无腐蚀性、无残留作用,可与其他药物配成酊剂而起增效作用。其缺点是不能杀灭细菌芽孢,受有机物影响大,抗菌有效浓度较高,常用的有乙醇。

乙醇是临床上使用最广泛,也是较好的一种皮肤消毒药,常用75%乙醇消毒皮肤以及器械浸泡消毒。高于75%则作用不可靠,因它使组织表面形成一层蛋白凝固膜,妨碍渗透,而影响杀菌作用。浓度低于20%时,乙醇的杀菌作用微弱。乙醇对黏膜的刺激性大,不能用于黏膜和创面抗感染。

八、强碱类

碱类消毒剂的作用强度决定于碱溶液中OH^-浓度,浓度越高,杀菌力越强。碱类消毒剂的作用机制是:高浓度的OH^-能水解蛋白质和核酸,使细菌酶系统和细胞结构受损害。碱还能抑制细菌的正常代谢机能,分解菌体中的糖类,使菌体死亡。碱对病毒有强大的杀灭作用,可用于许多病毒性传染病的消毒,也有较强的杀菌作用,对革兰氏阴性菌比阳性菌有效,高浓度碱液可杀灭芽孢。由于碱能腐蚀有机组织,操作时要注意不要用手接触,佩戴防护眼镜、手套和工作服,如不慎溅到皮肤上或眼里,应迅速用大量清水冲洗。

(一)氢氧化钠(苛性钠、烧碱)

浓度1%主要用于玻璃器皿的消毒,3%~5%用于环境、污物、粪便等消毒。本品对金属物有腐蚀作用,对皮肤、黏膜有刺激性,避免直接接触。

(二)石灰

石灰是价廉易得的良好消毒药,使用时加水,使其生成具有杀菌作用的氢氧化钙。实际工作中,一般用 20 份石灰加水 100 份配成 20%石灰乳涂刷墙壁地面等。石灰必须在有水的情况下才会产生 OH⁻,发挥消毒作用,在门前、饲养场前撒石灰干粉不能起消毒鞋底的作用;相反,由于走动,使石灰粉尘飞扬,吸入呼吸道及眼内腐蚀组织,引起呼吸道疾病。最好在门口放 20%的石灰乳湿草包,才能起到消毒作用。石灰可从空气中吸收二氧化碳,生成碳酸钙,所以不宜久存,石灰乳也应现用现配。

九、重金属类

重金属指汞、银、锌等,因其盐类化合物能与细菌蛋白结合,使蛋白质沉淀而发挥杀菌作用。硫柳汞高浓度可杀菌,低浓度时仅有抑菌作用。

(一)升汞

对局部组织有较强的刺激性和毒性,对金属有腐蚀性,且杀菌作用可因蛋白质存在而大大减弱,通常用 0.05%～0.1%的溶液作玻璃或其他非金属器皿和用具以及术前手臂的消毒;0.1%～0.2%的溶液可用来消毒厩舍用具。

(二)硫柳汞

对皮肤、黏膜刺激性低,抑菌作用较强。0.1%的溶液可用于消毒皮肤和创伤。0.02%的溶液可用于消毒黏膜。1%酊剂(乙醇∶丙酮∶水为 5∶1∶96)可用来消毒手术部位皮肤。

十、酸类

酸类包括无机酸和有机酸。无机酸类为原浆毒,具有强烈的腐蚀作用,故应用受限制。盐酸和硫酸具有强大的杀菌和杀芽孢作用。2 mol/L 硫酸可用于消毒排泄物等;2%盐酸中加食盐 15%,并加温至 30℃,常用于污染炭疽芽孢皮张的浸泡消毒。有机酸主要用作防腐药。常见的酸类消毒剂有以下几种:

1. 硼酸

为弱无机酸,抗菌作用弱,刺激性小,2%～4%冲洗眼部。

2. 醋酸

为弱有机酸,抗绿脓杆菌,0.5%～2%洗涤感染,食用醋含醋酸 5%。

3. 水杨酸

易溶于醇,难溶于水,3%浓度杀菌强,5%～10%的酒精溶液可治疗霉菌性皮肤病,5%的酒精溶液治疗蹄叉腐烂。

4. 乳酸

通常用于空气消毒,按每 100 m³ 6～12 mL 加水稀释或 20%的溶液加热蒸发。

5.苯甲酸

易溶于乙醇,难溶于水,多用水杨酸配合治疗皮肤霉菌病。此外,还可作为食品防腐剂,每 1 000 g 食物中加 1 g。

任务三 配制化学消毒剂

【学习目标】

掌握配制化学消毒剂的方法及注意事项。

【操作与实施】

一、化学消毒剂的选择

消毒药品应选择消毒力强、对人和动物的毒性小,不损害被消毒的物体、性质稳定、易溶于水、无易燃性和易爆性、在消毒的环境中比较稳定、不易失去消毒作用。价格低廉、容易买到。化学消毒剂的选择要注意以下几点。

(一)消毒目的要明确,选择消毒剂要准确和注重效果

任何消毒剂都不是万能的,不同的消毒剂有不同的选用范围,有的只能杀死细菌的繁殖体,有的包括细菌的芽孢、病毒,甚至连寄生虫都能杀死。即使是同一种消毒剂在不同的因素影响下,其消毒效果也不一样。因此,消毒目的不一样,所使用的消毒剂就应不一样,以及稀释的浓度和采用的方法也应不一样,这样才能保证消毒的效果。有些情况下,细菌、病毒、甚至真菌、虫卵等几者兼顾考虑,就要选择抗毒抗菌谱广的消毒剂。即使是同一种消毒剂在同一个饲养场,也要考虑是平时预防性的,还是扑灭正在发生的疫情,或周围正处在某种疫病流行高峰期,而本场受到威胁时的消毒,以此来选择药物的浓度,以保证消毒效果。另外,幼龄动物和敏感动物就要选择毒性较小的消毒剂,配种舍、妊娠舍、分娩舍、保育舍应选用毒性极低的,甚至可作为饮水消毒的消毒剂(如复合碘消毒)。

(二)药物的配制和使用方法要合理

许多消毒剂不宜用井水稀释配制,因为井水大多为含钙、镁离子较多的硬水,会与消毒剂中释放出来的阳离子、阴离子或酸碱离子发生化学反应,从而使药物减效。一般应使用自来水或白开水来稀释消毒剂。药物应现用现配,应一次用完,有些消毒剂溶液比较稳定,但稀释成使用液后便不稳定。如过氧乙酸、过氧化氢、二

氧化氯等稀释后不能放置时间过长。许多消毒剂具有氧化性或还原性,有的药物见光遇热后分解加快。因此在配制消毒剂时,应按说明书要求的稀释度和要消毒的面积来测算用量。

(三)注意消毒剂的酸碱性、氧化性和配伍禁忌

酚类、酸类两大类消毒剂一般不宜与碱性环境、脂类和皂类物质接触。反过来碱类、碱性氧化物不宜与酸、酚类物质接触,否则降低效果。氧化物类、碱类、酸类消毒剂不宜与重金属、盐类及卤素类消毒剂接触,防止发生氧化还原反应和置换反应,不仅使消毒效果降低,而且对机体产生毒害作用。酚类消毒剂一般不宜与碘、溴、高锰酸钾、过氧化物等配伍。重金属类消毒剂忌与酸、碱、碘、银、盐类配伍,否则会发生沉淀、置换反应。阳离子和阴离子消毒作用互相抵消,因此不可同时使用。表面活性剂消毒剂忌与碘、碘化钾和过氧化物等配伍使用,不可与肥皂配伍。

(四)避免人、畜受到消毒剂的危害

有些消毒剂对人、畜具有一定的毒副作用,使用时应注意避免对人、畜产生危害作用。如用过氧乙酸等消毒剂进行喷雾消毒时,应注意个人防护,必要时应戴防护眼镜、口罩、手套等;用甲醛和高锰酸钾对动物舍进行熏蒸消毒后,应通风换气,待对动物无刺激后方可使用。

二、配制消毒剂注意事项

(一)药量、水量和药与水的比例应准确

配制消毒液时,要求药量、水量和药与水的比例等三方面都要准确。对固态消毒剂,要用比较精密的天平称量,对液态消毒剂,要用刻度精细的量筒或吸管量取。称好后,先将消毒剂原粉或原液溶解在少量的水中,使其充分溶解后再与足量的水混匀。

(二)配制消毒药品的容器必须干净

配制消毒剂的容器必须刷洗干净,如果条件允许(配制量少、容器小),可用煮沸法(100℃,经 10 min)或高压蒸汽灭菌法(121℃,经 15 min)对容器消毒,以防止消毒剂溶液被病原微生物污染。在养殖场中大面积使用消毒液,配制消毒液的容器很大,无法加热消毒,为了最大限度地减少污染,使用的容器要求洗刷干净。更换旧的消毒液时,一定要把旧的消毒液全部倒弃,将容器彻底洗净(能加热消毒的要加热消毒),随时配制新的消毒液。

(三)注意检查消毒药品的有效浓度

在配制消毒液前,要注意检查消毒剂的有效浓度。消毒剂保存时间过久,会发

生浓度降低的现象,严重的可能失效,配制时对这些问题应加以考虑。

(四)配制好的消毒液不能久放

配制好的消毒液保存时间过长浓度会降低或者完全失效。因此,在使用消毒剂的过程中,最好现配现用。

三、几种常用消毒药的配制

(一)75%酒精溶液的配制

用量器量取95%医用酒精789.5 mL,加蒸馏水(或纯净水)稀释至1 000 mL,即为75%酒精,配制完成后密闭保存。

(二)5%氢氧化钠的配制

称取50 g氢氧化钠,装入量器内,加入适量纯水中(最好用60~70℃热水),搅拌使其溶解,再加水至1 000 mL,即得5%氢氧化钠溶液,配制完成后密闭保存。

(三)0.1%高锰酸钾的配制

称取1 g高锰酸钾,装入量器内,加水1 000 mL,使其充分溶解即得。

(四)3%来苏儿的配制

取来苏儿3份,放入量器内,加清水97份,混合均匀即成。

(五)2%碘酊的配制

称取碘化钾15 g,装入量器内,加蒸馏水20 mL溶解后,再加碘片20 g及乙醇500 mL,搅拌使其充分溶解,再加入蒸馏水至1 000 mL,搅匀,滤过,即得。

(六)碘甘油的配制

称取碘化钾10 g,加入10 mL蒸馏水溶解后,再加碘10 g,搅拌使其充分溶解后,加入甘油至1 000 mL,搅匀,即得。

(七)熟石灰(消石灰)的配制

生石灰(氧化钙)1 kg,装入容器内,加水350 mL,生成粉末状即为熟石灰,可撒布于阴湿地面、污水池、粪地周围等处消毒。

(八)20%石灰乳的配制

1 kg生石灰加5 kg水即为20%石灰乳。配制时最好用陶瓷缸或木桶等。首先称取适量生石灰,装入容器内,把少量水(350 mL)缓慢加入生石灰内,稍停,使石灰变为粉状的熟石灰时,再加入余下的4 650 mL水,搅匀即成20%石灰乳。

（九）草木灰水的配制

用新鲜干燥、筛过的草木灰 20 kg，加水 100 kg，煮沸 20～30 min（边煮边搅拌，草木灰因容积大，可分两次煮），去渣、补上蒸发的水分即可。

任务四 不同消毒对象的消毒方法

【学习目标】

掌握不同消毒对象的消毒方法。

【操作与实施】

一、圈舍消毒

（一）机械清除

彻底清洁。消毒前，应清除粪便、垫料、灰尘、污物，因为灰尘、污物等有机物残留在畜禽舍的地面和墙壁，病毒、细菌及球虫卵混在其中，消毒药物的杀菌效果会受到影响。地面用自来水冲洗干净，饲槽用热水洗刷，所产生的污水应投放生石灰、漂白粉进行消毒。

（二）药物喷洒

用配制好的消毒液如 3%～5%来苏儿、0.3%～0.5%过氧乙酸等对地面、物体等进行消毒，也可以将配制好的消毒液装入喷雾器内，使消毒药液呈雾状喷出，均匀地喷洒在畜禽体表或物体表面。

（三）熏蒸消毒

熏蒸消毒可用于密闭的畜禽舍、仓库及饲养用具、种蛋、孵化机（室）污染表面的消毒。其穿透性差，不能消毒用布、纸或塑料薄膜包装的物品。优点是可对空气、墙缝及药物喷洒不到但空气流通的地方进行彻底消毒。常用福尔马林熏蒸，用量为每立方米 28 mL，密闭 1～2 周；或按每立方米空间按福尔马林 25 mL，水 12.5 mL，高锰酸钾 25 g 的比例，将水与福尔马林混合，然后再将高锰酸钾倒入其中并搅拌，有刺激性气体蒸发出来时，关闭门窗，消毒 12～24 h 之后，彻底通风。

二、主要通道口及场区消毒

养殖场通道口应建有消毒池，并设有消毒室。池内应放有草垫并加入 10%～

20%新鲜石灰乳,便于来往人员进行鞋底消毒,在养殖场门口需设有紫外线消毒。

场区应根据场地性质,选择不同的消毒方法。首先要机械清扫,水泥地面可选用 3%～5%的来苏儿或 5%～10%的苛性钠溶液喷洒。泥土地面用 3%～5%的来苏儿进行喷洒,也可用 0.3%～0.5%的过氧乙酸等消毒液对地面进行消毒。

三、场地消毒

根据被污染的程度及场地性质不同,场地消毒的处理方式也不同。水泥地面平时要经常清扫,定期用一般消毒药喷洒即可。被一般病原体所污染,可用消毒液常用浓度喷洒,如 3%～5%的来苏儿;如被细菌芽孢所污染,则需要 5%～10%苛性钠溶液喷洒。

(一)屠宰加工间的消毒

(1)先作机械清除,后用 2%烧碱或 2%～3%次氯酸钠溶液喷洒洗涤消毒。

(2)用 100 mg/L 的二氧化氯消毒擦拭或喷洒地面、墙裙、通道、台桌、设备、用具、检验器械等。工作服、手套、围裙、胶鞋等刷洗干净后用 50～80 mg/L 的二氧化氯消毒液浸泡 20～30 min。

(二)出售肉品场所消毒

为防止出售的肉品及其用具感染细菌,首先要对所用的刀、肉案以及相关用具进行消毒。临床上一般用 2%的优碘灵对肉案进行喷洒或擦拭,也可选用二氧化氯对肉品进行消毒,可杀灭原料中的细菌微生物,防止细菌微生物入侵并导致肉质发生改变,还可以改善肉的颜色,去除异味,同时二氧化氯还可用于肉制品厂的器具和设备的消毒,车间环境地面消毒以及运输车辆的消毒。

(三)交易畜禽蛋场所的消毒

首先对交易场地进行彻底机械性清除,洗刷交易场所地面。将粪尿、垫草、饲料残渣及其他污物清除干净。洗刷畜体被毛,除去体表污物及附在污物上的病原体。这种方法虽然不能杀死病原体,但可以有效地减少畜体表面的病原微生物。若配合其他消毒方法常可获得较好的消毒效果。如果不先进行清扫,因场地存在的粪便,污垢等有机物,不仅需杀灭的病原体数量太多,而且这些污物还将直接影响常用消毒剂的效果。

清扫后用高压冲洗机对场地彻底冲洗,然后选用以下方法进行消毒。

1.借助于阳光、紫外线和干燥

太阳光谱中的紫外线具有较强的杀菌消毒作用。一般病毒和非芽孢病原菌在强烈阳光下反复曝晒,其致病力可减弱甚至死亡。而且阳光照射的灼热以及水分蒸发所致的干燥具有杀菌作用。所以,利用阳光曝晒,对交易市场、用具和物品等的消毒是一种简单、经济、易行的消毒方法。但日光中的紫外线在通过大气层时,经散射和被吸收后损失很多,到达地面的紫外线波长在 300 nm 以上,其杀菌消毒作用相对较弱,所以,要在阳光下照射较长时间才能达到消毒作用。阳光的强弱直接关系消毒效果,而阳光的强弱又与多种因素(如季节、时间、纬度及云层等)有关,故利用阳光消毒应根据实际情况灵活掌握,并配合其他消毒方法进行。

2. 借助于化学消毒液

(1)漂白粉浓度为 5%～20%,可杀灭细菌芽孢。一般用于交易场地面以及运输车辆的消毒。可直接用喷雾器进行喷洒。

(2)2%的烧碱溶液对污染严重的地面进行冲洗。

(3)来苏儿,浓度为 3%～5%,对一般病原菌具有良好的杀菌作用,可直接用喷雾器进行喷洒。

(4)消毒灵,浓度为 0.5%～1%,适用于畜禽交易场地的消毒。

(5)新洁尔灭,浓度为 0.1%,适用于畜禽体表消毒。

(6)草木灰,20%的热水溶液,对畜禽交易场地进行喷洒。

(7)杀毒先锋(二氯异氰尿酸钠),预防消毒 1:800(每克杀毒先锋加水 800 g),适用于动物交易场所的消毒。

(8)过氧乙酸,浓度为 0.5%,对地面、墙壁进行消毒。室内可选用 5%的溶液按 2.5 mL/m³ 喷雾消毒。被禽流感污染的交易场地应选用碱类或醛类等消毒剂。

总之,在选用各种消毒方法前,尽量减少影响消毒效果的因素,根据不同情况、不同环境选用不同的消毒方法。常规消毒可用中、低效消毒剂,终末消毒、疫情发生时应用高效消毒剂,并适当加大使用浓度和密度。

四、带畜禽消毒

畜禽体消毒常用喷雾消毒法,即将消毒药液用压缩空气雾化后,喷到畜禽体表上达到消毒目的,以杀灭和减少体表和畜禽舍内空气中的病原微生物。本法既可减少畜禽体及环境中的病原微生物,净化环境,又可降低舍内尘埃,夏季还有降温作用。但是,在养鸡场,如果鸡舍内支原体、大肠杆菌等病原微生物污染严重时,喷雾消毒容易诱发呼吸道疾病。

畜禽体喷雾消毒常用的器械有手提式或肩背式喷雾器,可供小型养殖场使用,大中型养殖场可使用空气压缩机或固定喷雾消毒设备。常用的药物有 0.2%～0.3%过氧乙酸,每立方米空间用药 15～30 mL,也可用 0.2%次氯酸钠溶液消毒。

消毒时从畜禽舍的一端开始,边喷雾边匀速走动,使舍内各处喷雾量均匀。本消毒方法全年均可使用,一般情况下,每周消毒 1~2 次,春秋疫情常发季节,每周消毒 3 次,在有疫情发生时,每天消毒 1~2 次。

五、运载工具消毒

运载工具流动性大、活动范围广,接触病原体的机会多,受到污染的可能性大,是重要的传播媒介。因此对运载工具装前和卸后要进行消毒,运输途中动物防疫监督检查站应对其进行消毒。消毒药可选用来苏儿、双季铵盐类、氯制剂等。

六、污染土壤消毒

土壤表面可用 10％漂白粉溶液、4％福尔马林或 10％氢氧化钠溶液消毒。停放过芽孢杆菌所致传染病(如炭疽病)尸体的场所,应严格加以消毒,首先用上述漂白粉澄清液喷洒地面,然后将表层土壤掘起 30 cm 左右,撒上干漂白粉,并与土混合,将此表土妥善运出掩埋。其他传染病所污染的地面土壤,则可先将地面翻一下,深度约 30 cm,在翻地的同时撒上干漂白粉(用量为每平方米 0.5 kg),然后以水湿润,压平。如果放牧地区被某种病原体污染,一般利用自然因素(如阳光)来消毒病原体;如果污染的面积不大,则应使用化学消毒药消毒。

七、饮用水消毒

饮用水的消毒方法一般可分为物理消毒法和化学消毒法两类。在养殖业中由于多采用集中供水,并且由于生产中用水量较大,物理消毒法中的煮沸消毒、紫外线消毒、超声波消毒等方法无法用于动物的饮用水消毒。因此,养殖场更多地采用化学法对水进行消毒。

(一)化学消毒法

饮用水的化学消毒,就是使用饮用水消毒剂对水进行消毒。理想的饮用水消毒剂应具有无毒、无刺激性、可迅速溶于水中并释放出杀菌成分,对水中的病原性微生物杀灭力强,杀菌谱广,不会与水中的有机物或无机物发生化学反应和产生有害有毒物质,价廉易得,便于保存和运输,使用方便等优点。目前常用的化学消毒剂包括氯制剂、碘制剂、二氧化氯等。

(二)物理消毒法

常用紫外线消毒。紫外线能杀灭多种微生物,更重要的是可以很好地杀死隐孢子虫卵囊而受到重视。紫外线用于饮水消毒,具有消毒快捷、彻底、不污染水质、操作简便、使用及维护费用低等优点。高强度的紫外线只需要几秒钟,就可使一般大肠杆菌的平均去除率达 98%,细菌总数的平均去除率达 96.6%。紫外线消毒由于不向水中添加任何药剂,所以不会残留任何副产物和有害物质,但紫外线消毒没有持续消毒的能力,处理后的水容易在管网中被二次污染。尽管如此,紫外线消毒由于其高效、经济、无毒等特性,受到了广泛的重视和应用,有的规模化猪场开始运用此消毒法。

八、染疫动物产品消毒

容易传播疫病的畜产品主要是皮革原料和羊毛等。皮革原料和羊毛的消毒,通常是用福尔马林气体在密闭室中熏蒸,但此法会损坏皮毛品质,且穿透力低,较深层的物品难以达到消毒的目的。目前广泛应用环氧乙烷气体来进行消毒。此法对细菌、病毒、立克次体及霉菌均有良好的消毒作用,对皮毛等畜产品中的炭疽杆菌芽孢也有较好的消毒效果。消毒时必须在密闭的专用消毒室或密闭良好的容器(常用聚乙烯或聚氯乙烯薄膜制成的篷布)内进行。环氧乙烷的用量,如消毒病原体繁殖型为 $300\sim400$ g/m³,作用 8 h;如消灭细菌芽孢和霉菌为 $700\sim950$ g/m³,作用 24 h。环氧乙烷的消毒效果与湿度、温度等因素有关。一般认为,相对湿度为 $30\%\sim50\%$,温度在 18℃ 以上,$30\sim54$℃ 以下,最为适宜。环氧乙烷的沸点为 10.7℃,沸点以下的温度为易挥发的液体,遇明火易燃易爆,对人有中等毒性,应避免接触其液体和吸入其气体。

九、孵化设施及种蛋消毒

(一)孵化设施消毒

孵化种蛋所有接触的设备、用具都要搞好卫生消毒。蛋托、码蛋盘、出雏筐、存雏筐用后高压泵清水冲洗干净再放入 2% 的火碱(氢氧化钠)水中浸泡 30 min,然后用清水冲净。种蛋车、操作台及用具用后也要清理消毒,照蛋落盘后对臭蛋桶要清理消毒,地面火碱拖地。注射器使用后清理干净并高压消毒或开水煮 0.5 h,针头每注射 1 000 羽换一个。孵化机及蛋架用后高压泵清水冲洗干净,用消毒液擦拭,再用清水冲净,最后把干净的码蛋盘、出雏筐放入孵化机内每立方米用福尔马林 42 mL 与 21 g 高锰酸钾熏蒸 30 min。出雏机及出雏室是雏鸡的产房,需要的卫生消毒特别严格,而此地又是绒毛多最难清理的地方,所以一定要严格认真仔细地清理每个角落,不能有死角。发完鸡后,存雏室一定要冲洗干净,包括房顶、四壁、窗户、水暖管道等,再把干净卫生的存雏筐放入室内,每立方米用福尔马林 42 mL 与 21 g 高锰酸钾熏蒸 30 min,或 10% 福尔马林喷雾消毒,避免交叉感染。

(二)种蛋消毒

蛋产出后会或多或少地污染,蛋壳上会附着很多细菌,随时间的推移,细菌数量迅速增加,有些细菌通过蛋壳膜进入壳内,污染种蛋。因此,必须对种蛋进行认真消毒,而且越早越好。种蛋消毒方法很多,但效果最好、最常用的还是用甲醛熏蒸消毒法。现将消毒程序简述如下:种蛋产出后在鸡舍内进行第一遍消毒,种蛋运到孵化场蛋箱表面喷雾消毒。选蛋前用消毒液洗手,如果种蛋表面不干净,先在熏蒸柜里三倍量熏蒸,消毒 30 min 后放入蛋库。如果种蛋较洁净可以直接归库(选蛋室、种蛋库每天都要清扫、拖地和用菌毒杀喷雾消毒)。种蛋入孵时将蛋车和种蛋一起喷雾消毒后再推入孵化器,机器升温后进行上蛋消毒(甲醛二倍量熏蒸消毒,避开 24～96 h 胚龄)30 min。照蛋时操作人员需用消毒药洗手,落完后对出雏器进行二倍量熏蒸消毒 30 min。当大约孵化至 20 d,有 5％雏鸡啄壳时,出雏器两侧各放一个纸蛋托,放入福尔马林自然挥发,用量为 6～7 mL/m³,每 4 h 放一次,捡雏前 2 h 甲醛一倍量熏蒸消毒 20 min。

十、畜禽产品外包装消毒

因畜禽产品的外包装种类繁多,所用材料各异,所以应对不同类型的外包装采取不同的消毒方法。

(一)耐腐蚀性强的外包装

如塑料制品等,先用清水刷洗,除去表面的污物,经干燥后放入 1％～2％的氢氧化钠溶液中浸泡 10～15 min,取出用清水冲洗,干燥备用。

(二)耐腐蚀性差的外包装

如纸箱、木箱等,非染疫的可在专用消毒间福尔马林熏蒸消毒,用福尔马林 42 mL/m³ 2 h 以上,已染疫的最好焚烧销毁。

(三)耐火材料的外包装

如金属制品等,非染疫的先用清水洗刷干燥后用火焰喷烧或 4％～5％的碳酸钠洗刷,染疫的需反复消毒两次以上。

项目三　免疫接种技术

任务一　疫苗简介

【学习目标】

了解疫苗的类型,掌握疫苗的保存和运送方法。

【操作与实施】

一、疫苗的类型

(一)常规疫苗

常规疫苗是指由细菌、病毒、立克次氏体、螺旋体、支原体等完整微生物制成的疫苗。有灭活苗和弱毒苗两种。

1. 灭活苗

指选用免疫原性强的细菌、病毒等经人工培养后,用物理或化学方法致死(灭活),使传染因子被破坏而保留免疫原性所制成的疫苗,又称为死苗。

2. 弱毒苗

又称活苗,指通过人工诱变获得的弱毒株、筛选的天然弱毒株或失去毒力但仍保持抗原性的无毒株所制成的疫苗。用同种病原体的弱毒株或无毒变异株制成的疫苗称同源疫苗,如新城疫的 B_1 系毒株和 LaSota 系毒株等。通过含交叉保护性抗原的非同种微生物制成的疫苗称异源疫苗,如预防马立克氏病的火鸡疱疹病毒(HVT-FC126 株)疫苗和预防鸡痘的鸽痘病毒疫苗等。

3. 类毒素

由某些细菌产生的外毒素,经适当浓度甲醛(0.3%~0.4%)脱毒后而制成的生物制品。如破伤风类毒素。

4.生态制剂或生态疫苗

动物机体的消化道、呼吸道和泌尿生殖道等处具有正常菌群,它们是机体的保护屏障,是机体非特异性天然抵抗力的重要因素,对一些病原体具有拮抗作用。由正常菌群微生物所制成的生物制品称为生物制剂或生态疫苗。

5.联苗和多价苗

不同种微生物或其代谢产物组成的疫苗称为联合疫苗或联苗,同种微生物不同型或株所制成的疫苗称为多价苗。应用联苗或多价苗,可以简化接种程序,节省人力、物力,减少被免疫动物应激反应的次数。

(二)亚单位苗

亚单位苗指用理化方法提取病原微生物中一种或几种具有免疫原性的成分所制成的疫苗。此类疫苗接种动物能诱导产生对相应病原微生物的免疫抵抗力,由于去除了病原体中与激发保护性免疫无关的成分,没有病原微生物的遗传物质,因而副作用小、安全性高,具有广阔的应用前景。目前,已投入使用的有脑膜炎球菌的荚膜多糖疫苗、A族链球菌M蛋白疫苗、沙门氏菌共同抗原疫苗、大肠杆菌菌毛疫苗及百日咳杆菌组分疫苗等。

(三)生物技术疫苗

生物技术疫苗即利用分子生物学技术研制生产的新型疫苗,通常包括以下几种:

1.基因工程亚单位苗

将病原微生物中编码保护性抗原的肽段基因,通过基因工程技术导入细菌、酵母或哺乳动物细胞中,使该抗原高效表达后,产生大量保护性肽段,提取此保护性肽段,加佐剂后即成为亚单位苗。但因该类疫苗的免疫原性较弱,往往达不到常规疫苗的免疫水平,且生产工艺复杂,尚未被广泛应用。

2.合成肽疫苗

指根据病原微生物中保护性抗原的氨基酸序列,人工合成免疫原性多肽并连接到载体蛋白后制成的疫苗。该类疫苗性质稳定、无病原性、能够激发动物的免疫保护性反应,且可将具有不同抗原性的短肽段链接到同一载体蛋白上构成多价苗。但其缺点是免疫原性较差,合成成本昂贵。

3.基因工程活载体苗

指将病原微生物的保护性抗原基因,插入到病毒疫苗株等活载体的基因组或细菌的质粒中,使载体病毒获得表达外源基因的新特性,利用这种重组病毒或质粒制成的疫苗。该类活载体疫苗具有容量大、可以插入多个外源基因、应用剂量小而安全、能同时激发体液免疫和细胞免疫、生产和使用方便、成本低等特点，它是目前生物工程疫苗研究的主要方向之一，并已有多种产品成功地用于生产实践。

4. 基因缺失苗

指通过基因工程技术在 DNA 或 cDNA 水平上去除与病原体毒力相关的基因，但仍保持复制能力及免疫原性的毒株制成的疫苗。特点是毒株稳定，不易返祖，可制成免疫原性好、安全性高的疫苗。目前生产中使用的有伪狂犬病基因缺失苗等。

5. DNA 疫苗

指用编码病原体有效抗原的基因与细菌质粒构建的重组体。用该重组体可直接免疫动物机体，可诱导机体产生持久的细胞免疫和体液免疫。DNA 疫苗在预防细菌性、病毒性及寄生虫性疾病方面已经显示出广泛的应用前景，被称为疫苗发展史上的一次革命。

6. 抗独特型疫苗

指根据免疫调节网络学说设计的疫苗。由于抗体分子的可变区不仅有抗体活性，而且也具有抗原活性，故任何一种抗体的 Fab 段不仅能特异地与抗原结合，同时其本身也是一种独特的抗原决定簇，能刺激自身淋巴细胞产生抗抗体，即抗独特性抗体。这种抗独特性抗体与原始抗原的免疫原性相同，故可作为抗独特性疫苗而激发机体对相应病原体的免疫力。

二、疫苗的保存和运送

(一)疫苗的保存

灭活苗和类毒素等应保存在 2～8℃ 的环境中，防止冻结；油乳剂灭活苗在冷冻后会出现破乳分层现象，影响其效力，应常温保存。大多数弱毒活疫苗应放在 −15℃ 以下冻结保存。对于真空冻干活苗，还应注意其真空度。马立克氏病活疫苗等细胞结合性疫苗必须在液氮中保存。常用的保存工具见图 1-21、图 1-22。

(二)疫苗的运送

疫苗在运送过程中应采用最快的运输方法，尽量缩短运输时间；严格按照保存时的要求在同温度下运送，夏季防晒、冬季防冻结。此外，还应注意妥善包装，严防碰坏疫苗瓶及散播病原体。常用的运送工具见图 1-23、图 1-24。

图 1-21　冷藏柜

图 1-22　液氮罐

图 1-23　冷藏运输箱

图 1-24　冷藏运输车

任务二　动物免疫接种

【学习目标】

　　熟悉免疫接种前的准备工作,掌握疫苗的使用方法、免疫接种方法及接种后的注意事项。

【操作与实施】

一、免疫接种前的准备工作

(一)熟悉疫情动态和动物健康状况

为了保证免疫接种的安全和效果,最好于接种前对部分幼畜禽的母源抗体进行监测,选择最佳时机进行接种。了解本地、本场各种疫病发生和流行情况,依据疫病种类和流行特点(如流行季节)做好各种准备,免疫工作在疫病来临之前要完成。接种前要观察动物的营养和健康状况,凡疑似发病、体温升高、体质瘦弱、妊娠后期等动物均不宜接种疫苗,待动物健康或生产后适时补充免疫。

(二)疫苗的选择

(1)应选购通过 GMP 验收的生物制品企业的疫苗。产品具有农业部正式生产许可证及批准文号,进口疫苗有进口兽药注册证书号。说明书应注明疫苗的安全性、疫苗的有效性、足够的疫苗含毒量等。

(2)选购经过实践检验普遍认可效果好的疫苗,确保疫苗质量。

(3)根据疫情选择合适的疫苗,应选用与当地流行毒株一致的疫苗或选用多价苗。

(三)免疫接种器械的准备

免疫接种的注射器、针头和镊子等用具,应严格消毒。针头要经常更换,可以将换下的针头浸入酒精、新洁尔灭或其他消毒液中,浸泡 20 min 后,用灭菌蒸馏水冲洗后重新使用。接种过程也应注意消毒,接种后的用具、空疫苗瓶也应进行消毒处理。免疫接种常用的器械主要为连续注射器(图 1-25)。

图 1-25　兽用连续注射器

二、疫苗的使用

按照疫苗的使用说明书,选用规定的稀释液,按标明的头份充分稀释、摇匀,注意注射器、针头及瓶塞表面的消毒。稀释后的疫苗,如一次不能吸完,吸液后针头不必拔出,用酒精棉球包裹,以便再次吸取,给动物注射过的针头,不能吸液,以免污染疫苗。各种疫苗使用的稀释液、稀释倍数和稀释方法都有明确规定,必须严格按照生产厂家的使用说明书进行。稀释疫苗用的器械必须是无菌的,否则不但影响疫苗的效果,而且会造成污染。用于注射的活苗一般配备专用稀释液,若无稀释液,可以用生理盐水稀释。饮水免疫,可用蒸馏水或纯净冷水,最好在饮水中按0.1%浓度加脱脂奶粉,不能用含有消毒药物(如漂白粉)的水。稀释前先用酒精棉球消毒疫苗的瓶盖,然后用灭菌注射器吸取少量的蒸馏水注入疫苗瓶中,充分振荡溶解后,抽取溶解的疫苗放入干净的容器中,再用蒸馏水把疫苗瓶冲洗几次,使全部疫苗所含病毒(细菌)都被冲洗下来,然后按一定剂量加入蒸馏水。

三、免疫接种途径

(一)注射免疫接种

最常用的注射免疫接种方法是皮下接种和肌内接种。

1. 皮下接种

多用于灭活苗的免疫接种,选择皮薄、被毛少、皮肤松弛、皮下血管少的部位。大家畜宜在颈侧中 1/3 部位;猪在耳根后或股内侧;犬和羊宜在股内侧;兔在耳后;家禽在胸部或翼下,也可在头顶后的皮下。注射部位消毒后,注射者右手持注射器,左手食指与拇指将皮肤提起呈伞状,沿基部刺入皮下约注射针头的 2/3,将左手放开后,再推动注射器活塞将疫苗徐徐注入(图 1-26)。然后用酒精棉球按住注射部位,将针头拔出。

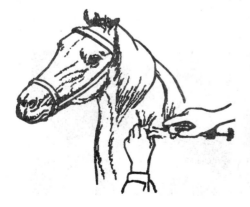

图 1-26　皮下免疫接种

2.肌内注射

多用于弱毒疫苗的接种。肌内注射操作简便、应用广泛、副作用较小,药液吸收快,免疫效果较好。应选择肌肉丰满、血管少、远离神经干的部位。牛、马、羊、猪多在臀部及颈部,但猪以耳后、颈侧为宜。鸡宜在胸部肌肉或翅膀基部,家禽使用的针头号数及长度,应按家禽的大小及肥度决定(图1-27)。

图1-27　肌内免疫接种

(二)点眼与滴鼻

禽类眼部具有哈德氏腺,鼻腔黏膜下有丰富的淋巴样组织,对抗原的刺激都能产生很强的免疫应答反应,操作时用乳头滴管或滴瓶吸取疫苗滴于眼内或鼻孔内。这种方法多用于雏禽,尤其是雏鸡的首免。利用点眼或滴鼻法接种时应注意:接种时均使用弱毒苗,如果有母源抗体存在,会影响病毒的定居和刺激机体产生抗体,此时可考虑适当增大疫苗接种量。点眼时,要等待疫苗扩散后才能放开雏鸡(图1-28)。滴鼻时,可用固定雏鸡的手的食指堵着非滴鼻侧的鼻孔,加速疫苗的吸入(图1-29)。

图1-28　点眼免疫　　　　　　　　图1-29　滴鼻免疫

（三）皮肤刺种

常用于禽痘、禽脑脊髓炎等疫病的弱毒疫苗接种。在鸡翅膀内侧无毛处，避开血管，用刺种针蘸取疫苗刺入皮下（图 1-30、图 1-31）。刺种后，要在 7～10 d 检查免疫的效果。一般说来，正确接种后在接种部位会出现红肿、结痂反应，如无局部反应，则应检查鸡群是否处于免疫阶段，疫苗质量有无问题或接种方法是否有差错，及时进行补充免疫。

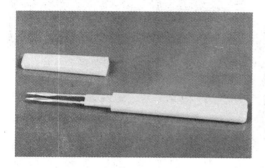

图 1-30　刺种针

图 1-31　鸡刺种免疫

（四）经口免疫接种

经口免疫即将疫苗均匀地混于饲料或饮水中经口服后而使动物获得免疫，可分为拌料、饮水两种方法。经口免疫效率高、省时省力、操作方便，能使全群动物在同一时间内共同被接种，对群体的应激反应小，但动物群中抗体滴度往往不均匀，免疫持续期短，免疫效果往往受到其他多种因素的影响。口服免疫时，应按畜禽数量和畜禽平均饮水量及摄食量，准确计算疫苗剂量。免疫前应停饮或停喂一段时间，疫苗混入饮水或饲料后，必须迅速口服，保证在最短的时间内摄入足量疫苗。稀释疫苗的水，应用纯净的冷水，在饮水中最好能加入 0.1％的脱脂奶粉。混有疫苗的饮水及饲料的温度，以不超过室温为宜，应注意避免疫苗暴露在阳光下。用于口服的疫苗必须是高效价的活苗，可增加疫苗用量，一般为注射剂量的 2～5 倍。

（五）气雾免疫法

将稀释的疫苗在气雾发生器的作用下喷雾射出去，使疫苗形成 5～10 μm 的雾化粒子，均匀地浮游于空气中，动物随着呼吸运动，将疫苗吸入而产生免疫（图 1-32、图1-33）。气雾免疫分为气溶胶免疫和喷雾免疫两种形式，其中气溶胶免疫最为常见。气雾免疫法不但省力，而且对少数疫苗特别有效，适用于大群动物的免疫。进行气雾免疫时，将动物赶入圈舍，关闭门窗，尽量减少空气流动，喷雾完毕后，动物在圈内停留 20～30 min 即可放出。

图1-32 气雾免疫机

图1-33 气雾免疫

四、接种后注意事项

(一)认真做好免疫接种记录

接种记录的内容包括疫苗的种类、批号、生产日期、厂家、剂量、稀释液,接种方法和途径、畜禽数量、接种时间、参加人员等,并对接种的检测效果进行记录。还应注明对漏免者补免的时间。同时,对接种的对象,注意接种后的临床观察,动物出现的不良反应也要予以记录。

(二)注意接种后动物的检查与护理

接种疫苗后,有的动物可发生暂时性的抵抗力降低现象,应加强护理,同时特别注意控制家畜的使役,以免过分劳累而产生不良后果。有的免疫后可能引起过敏反应,应详细观察1周左右。发生严重过敏者,应立即用肾上腺素等药物脱敏,以免导致死亡。

任务三 动物免疫标识

【学习目标】

了解免疫耳标和免疫档案的基本内容。

【操作与实施】

2002年10月,农业部下达了在全国实行《动物免疫标识管理办法》的13号部长令,从2003年起在全国推行动物免疫标志制度。动物免疫标志制度内容主要包括免疫耳标和免疫档案。

一、免疫耳标

免疫耳标是由无毒、无刺激塑料制作,正面为圆形。在首次开展免疫注射时将免疫耳标佩带在动物的左耳上,实行一畜一标(图1-34)。动物免疫耳标由主标和辅标两部分组成。

图 1-34　**佩戴免疫耳标的动物**

(一)主标

主标由耳标正面、耳标颈、耳标头组成;耳标正面是登载编码的信息面,其背面与耳标颈相连。耳标颈是连接耳标正面和耳标头的部分,固定时穿透动物耳部并留在穿孔内。耳标头位于耳标颈顶端的锥形体,用于穿透动物耳部、嵌入辅标、固定耳标。

(二)辅标

辅标由耳标副面和耳标锁扣组成。耳标副面是与耳标正面相对应,安装时不穿透耳部,留在主标对侧的圆形片状物。耳标锁扣是位于耳标副面中央的圆柱状突起部分,与标头相扣,在锁孔作用下,起固定耳标的作用。

(三)耳标编码

耳标编码由激光刻制在耳标正面。编码分上、下两排,上排为主编码,下排为副编码。各省(区、市)根据需要,可在正面以外的其他地方进行必要的标记。主编码,位于耳标正面的上排,由动物免疫所在县(市、区)的6位阿拉伯数字的区域代码组成,代表动物产地。主编码字体为三号宋体,横向排列为长方形。副编码,位于耳标正面的下排,由 8 位字符构成,首位字母表示动物类别,其中猪为 P、牛为 C、羊为 S;后 7 位阿拉伯数字,是以县为单位的连续编码,代表动物个体;猪、牛、羊为三个相互独立的连续编码体系。副编码字体为三号宋体,在耳标正面下方排列为弧形。

(四)耳标钳

用于耳标佩戴的专用工具,由相应的生产厂家按标准规格生产(图 1-35)。

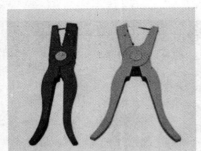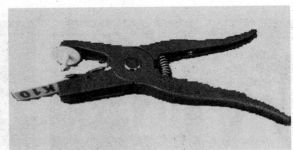

图 1-35　**耳标钳**

二、免疫档案

在进行免疫接种后,要及时、准确填写免疫档案。免疫档案的内容包括:

1. 畜禽养殖场

名称、地址、畜禽种类、数量、免疫日期、疫苗名称、畜禽养殖代码、畜禽标识顺序号、免疫人员以及用药记录等。

2. 畜禽散养户

户主姓名、地址、畜禽种类、数量、免疫日期、疫苗名称、畜禽标识顺序号、免疫人员以及用药记录等。

任务四　免疫效果评价及免疫失败的原因分析

【学习目标】

了解免疫效果的评价方法,熟悉能够造成免疫失败的各种原因。

【操作与实施】

一、免疫效果的评价

免疫接种的目的是将易感动物群转变为非易感动物群，从而降低疫病带来的损失。因此，某一免疫程序对特定动物群是否合理并达到了降低群体发病率的作用，需要定期对接种对象的实际发病率和实际抗体水平进行分析和评价。免疫效果评价的方法主要包括流行病学法、血清学方法和人工攻毒试验。

（一）流行病学评价方法

用流行病学调查的方法，检查免疫动物群和非免疫动物群发病率、死亡率等指标，可以比较并评价不同疫苗或免疫程序的保护效果。保护率越高，免疫效果越好。

$$免疫指数 = \frac{对照组患病率}{免疫组患病率}$$

$$保护率 = \frac{对照组患病率 - 免疫组患病率}{免疫组患病率} \times 100\%$$

（二）血清学评价

一般是通过测定免疫动物群血清抗体的几何平均滴度，比较接种前后滴度升高的幅度及其持续时间来评价疫苗的免疫效果。血清学评价方法有琼脂扩散试验、血凝与血凝抑制试验、正向间接血凝试验、酶联免疫吸附试验等。如用血凝与血凝抑制试验检测禽流感、新城疫免疫鸡血清中抗体滴度，当禽流感抗体滴度大于 2^4，新城疫抗体滴度大于 2^5 时，判定为免疫合格；当群体免疫合格率大于 70% 时，判定为全群免疫合格。

（三）人工攻毒试验

通过对免疫动物的人工攻毒试验，确定疫苗的免疫保护率、开始产生免疫力的时间、免疫持续和保护性抗体临界值等指标。

二、免疫失败原因分析及对策

生产实践中造成免疫失败的原因是多方面的，各种因素可通过不同的机制干扰动物免疫力的产生。归纳起来，造成免疫失败的因素主要有以下几个方面：

（一）疫苗因素

1.疫苗本身的质量

疫苗中免疫原成分的多少是疫苗能否达到良好免疫效果的决定因素。正规厂家生产的疫苗质量较为可靠,购买使用前应查看生产厂家、产品批号、生产日期等,了解厂家有无产销资质。

2.疫苗的保存不当

对那些瓶签说明不清、有裂缝破损、色泽性状不正常(如灭活苗的破乳分层现象)或瓶内发现杂质异物等的疫苗,应停止使用。

3.疫苗使用不当

(1)疫苗稀释不当。各种疫苗所用的稀释剂、稀释倍数及稀释的方法都有一定的规定,必须严格按照使用说明书操作。例如,饮水免疫不得使用金属容器,饮水必须用蒸馏水或冷开水,水中不得有消毒剂、金属离子,可在疫苗溶液中加入0.3%的脱脂奶粉作保护剂。

(2)疫苗选择不当。一些疫苗,如鸡新城疫弱毒苗、传染性法氏囊病疫苗、传染性支气管炎疫苗等,本身容易引起免疫损伤,造成免疫水平低下。

(3)首免时间选择不当。幼畜(禽)刚出生(壳)的几天内,体内往往存在大量母源抗体,若此时进行免疫(尤其是进行活疫苗的免疫),则体内母源抗体与免疫原结合,一方面会中和免疫原,干扰病毒的复制;另一方面会造成免疫损伤,影响免疫效果。但鸡马立克氏病疫苗除外,因雏鸡体内不存在相应的母源抗体,故接种越早越好。

(4)疫苗间干扰作用。将两种或两种以上无交叉反应的抗原同时接种或接种的时间间隔很短,机体对其中一种抗原的抗体应答显著降低。如鸡传染性支气管炎疫苗可干扰新城疫疫苗。

(5)免疫方法不当。滴鼻、点眼免疫时,疫苗未能进入眼内或鼻腔;肌内注射时"打飞针",疫苗根本没有注射进去,或注入的疫苗又从注射孔流出,或注射针头过短,刺入深度不够,疫苗注入皮下脂肪。因此,免疫时应注意保定动物,选择型号适宜的注射针头,控制针头刺入的深度。使用连续注射器接种疫苗时,注射剂量要反复校正,使误差小于0.01 mL,针头不能太粗,以免拔针后疫苗流出。

(二)畜禽机体状况

1.遗传因素

动物品种不同,免疫应答各有差异;即使同一品种的不同个体,因日龄、性别等不同,对同一疫苗的免疫反应强弱也不一致。

2.母源抗体

主要是干扰疫苗病毒在体内的复制,影响免疫效果。同时母源抗体本身也被中和。可及时做好免疫监测,测定母源抗体水平后再决定接种时机。

3.营养因素

维生素及许多其他营养成分都对畜禽机体免疫力有显著影响。特别是缺乏维生素 A、维生素 D、B 族维生素、维生素 E 和多种微量元素时,能影响机体对抗原的免疫应答,免疫反应明显受到抑制。

4.健康原因

患病动物接种疫苗不仅不会产生免疫效果,严重的可导致死亡。此外,动物发生免疫抑制性疾病也是免疫失败的常见原因。如鸡马立克氏病、传染性法氏囊病、猪繁殖与呼吸综合征、圆环病毒病等都可能造成动物免疫抑制。

(三)病原体的血清型和变异性

许多病原微生物都有多个血清型,容易出现抗原变异,如果感染的病原微生物与使用的疫苗毒(菌)株在抗原上存在较大差异或不属于一个血清型,则可导致免疫失败。如大肠杆菌病、禽流感、传染性法氏囊病等。另外,如果病原出现超强毒力变异株,也会造成免疫失败,如马立克氏病等。因此,选用疫苗时,应考虑当地疫情、病原特点。

(四)免疫程序

疫苗的种类、接种时机、接种途径和剂量、接种次数及间隔时间等不适当,容易出现免疫效果差或免疫失败的现象。此外,疫病分布发生变化时,疫苗的接种时机、接种次数及间隔时间等都应相应调整。

因此,应根据本地区或本场疫病流行情况和规律、动物群的病史、品种、日龄、母源抗体水平和饲养管理条件以及疫苗的种类、性质等因素制定出科学合理的免疫程序,在执行时视具体情况进行调整,使本场免疫程序更加合理。

(五)其他因素

饲养管理不当,饲喂霉变饲料,饲料中蛋白质不均衡,动物误食铅、镉、砷等重金属或如卤素、农药等化学物质可抑制免疫应答,引起免疫失败。此外,接种期间或接种前后给予动物消毒、治疗药物,也会影响免疫效果。接种前后光照、温度、通风、饲料的突然变化也可产生应激影响疫苗的效果。

养殖场可通过加强饲养管理,保持合理的饲养密度与稳定的饲养管理制度,保证动物营养供应,重视免疫后动物的护理等措施提高免疫效果。

项目四　药物保健技术

任务一　选药原则及给药方法

【学习目标】

掌握选择预防药物的原则和药物预防的给药方法、注意事项。

【操作与实施】

动物疫病种类繁多,虽然已经研制出了许多有效的疫苗,以此来预防和控制疫病的发生及流行,但仍有些疫病还未研制出疫苗;或虽然已经研制出疫苗,但在实际应用中还存在一些问题。因此,为了杜绝疾病的发生,除了加强饲养管理,搞好检疫诊断、环境卫生和消毒工作外,使用适当的药物进行保健预防,是现代养殖业预防动物疫病的一项重要措施。使用药保健物预防应以不影响动物产品的品质和人类的健康为前提,严格遵守中华人民共和国农业部 2001 年 9 月 4 日发布的 168 号公告《饲料药物添加剂使用规范》和 2002 年 9 月 2 日发布的 220 号公告《饲料药物添加剂使用规范》补充规定。

一、选择预防药物的原则

(一)注意药物敏感性

进行药物预防时,应确定某种或某几种疫病作为预防的对象,充分考虑病原体对药物的敏感性和耐药性。针对预防的对象,在使用药物之前或使用药物过程中,有条件的要进行药物敏感性试验,选择使用最敏感的或抗菌谱广的药物,以期收到良好的预防效果。此外,要注意适时更换药物种类,防止产生耐药性。

(二)注意动物对药物的敏感性

不同种属的动物对药物的敏感性不同,应区别对待。例如,用 3 mg/kg 速丹拌料对鸡来说是较好的抗球虫药,但对鸭、鹅均有毒性,甚至引起死亡。某些药物剂量过大或长期使用会引起动物中毒。例如,长期应用抗菌药物可能引起鸡只的 B族维生素缺乏;长期应用庆大霉素或链霉素可能对鸡只肾脏产生毒性作用;长期应用广谱抗菌药物时,可能引起草食动物中毒性肠炎或全身感染。因此要注意选择毒性小、安全范围大,不易发生蓄积中毒的药物。

(三)严格控制药物剂量

药物必须达到最低有效剂量,才能收到应有的预防效果。因此,要按规定的剂量,均匀的拌入饲料或完全溶解于饮水中。有些药物的有效剂量与中毒剂量之间距离很近,如喹乙醇,掌握不好就会引起动物中毒;有些药物在低剂量时具有预防和治疗作用,而在高浓度时会变成毒药,故使用时要倍加小心。

(四)注意配伍禁忌

两种或两种以上药物配合使用时,有的会产生理化性质改变,使药物产生沉淀或分解、失效甚至产生毒性。如磺胺类药(钠盐)与抗生素(硫酸盐或盐酸盐)混合产生中和作用,药效会降低。维生素 B_1、维生素 C 属酸性,遇碱性药物即分解失效。在进行药物预防时,一定要注意配伍禁忌的问题。

(五)选择质优价廉的药物

在集约化养殖场中,畜禽数量多,预防用药开支大,为了降低养殖成本,应尽可能地选用价廉易得而又确有预防作用的药物。

二、药物预防的给药方法

(一)拌料给药

拌料给药是比较常用的给药方法之一。即将药物均匀地拌入饲料中,让畜禽在采食饲料的同时吃进药物,以达到预防疫病的目的。该法省时省力、简便易行、减少应激,适于大群畜禽给药及长期给药。拌料给药时应注意以下几点:

1. 准确掌握药量

应严格按照药物浓度要求、畜禽群体重、采食量计算并准确称量药物,避免造成药量过小起不到预防作用或药量过大导致畜禽中毒现象的发生。

2. 确保拌和均匀

药物与饲料必须混合均匀。为了保证药物混合均匀,通常采用分级混合法:即把全部用量的药物加到少量饲料中,充分混合后,再加到一定量饲料中,再充分混匀,然后再拌入到计算所需的全部饲料中。大批量饲料拌药更需多次分级扩充,以达到充分混匀的目的。切忌把全部药量一次性加到所需饲料中简单混合,这样容易导致部分畜禽因药物混合不均匀而采食过量发生药物中毒,而大部分畜禽吃不到药物,达不到防止疫病的目的。

3. 注意不良反应

有些药物混入饲料后,可与饲料中的某些成分发生拮抗作用。如饲料中长期混合磺胺类药物,就容易引起鸡只维生素 B 或维生素 K 缺乏。应密切注意并及时纠正不良反应。

(二)饮水给药

饮水给药即将药物溶解于畜禽饮水中,让畜禽通过饮水而获得药物,发挥药理效应。此法亦省时省力、简便易行,适用于大群动物给药。尤其是对禽类进行用药的最适宜、最方便的给药方法,适用于短期投药和紧急治疗投药,特别有利于发病后采食量下降的禽群。饮水给药时应注意以下几点:

1. 药物特性和饮水要求

饮水给药要注意药物必须是水溶性的,能溶于水。同时,所用饮水要清洁干净,饮水中不得含有对药物质量有影响的物质。如果是用氯消毒的自来水,应先用容器装好露天放置 1~2 d,让余氯挥发掉,以免药物效果受到影响。

2. 调药均匀,按量给水

调配药液时,要认真计算畜禽群体的饮水量,掌握好饮水中的药物浓度(用药量应稍大一些,防止因畜禽饮水过程中损失掉部分水),药物要充分溶解并搅拌均匀。要让畜禽在一定时间内喝到一定量的药物水,防止因超时而导致药效下降,一般药水宜在 1 h 内饮完为好;防止剩水过多,造成饮入畜禽体内的药物剂量不够。

3. 饮用药水前停水

为保证畜禽在较短的时间内饮入足够剂量的药物,应停水一段时间,以增加畜禽的饮欲。一般夏季停水 1~2 h,冬季 3~4 h,然后供给加有药物的饮水,使动物在较短的时间内充分喝到药水。

(三)气雾给药

气雾给药是指使用能使药物气雾化的器械,将药物分散成一定直径的微粒弥散到空气中,让畜禽通过呼吸作用吸入体内,达到预防疫病的目的。这种给药方法药物吸收快、省时省力、简便易行,适用于现代化大型养殖场;但需一定的气雾设备,而且用药空间应密闭,容易诱发呼吸道疾病。气雾给药是家禽常用的预防给药方法之一,该法充分利用了家禽独特的气囊功能特性,促进药物增大扩散面积,从而增大药物吸收量。气雾给药时应注意以下几点:

1.药物的特性

并不是所有的药物都可通过气雾途径给药。可用于气雾途径给药的药物应无刺激性,易溶解于水。有刺激性的药物不应通过气雾给药。若使药物作用于肺部,应选用吸湿性较差的药物;若使药物作用于上呼吸道,则应选择吸湿性较强的药物。

2.药物的浓度

在应用气雾给药时,不要随意套用拌料或饮水给药浓度。气雾给药的剂量与其他给药方法不同,一般以每立方米用多少药物来表示,要掌握气雾的药量,应先计算出畜禽舍的体积,然后再计算出药物的用量。

3.气雾颗粒的大小

气雾给药时,雾粒直径大小与用药效果有直接关系。气雾微粒越细越容易进入肺泡内,但与肺泡表面黏着力小,容易随呼气排出,影响药效;若微粒过大,则不易进入肺内。雾粒直径大小可以通过调节雾化器来决定。要使药物主要作用于上呼吸道,就应选用雾粒较大的雾化器;大量试验证实,进入肺部的微粒直径以 $0.5 \sim 5 \ \mu m$ 最适宜。

4.其他因素

如用药时间、动物的呼吸道健康状况等,要综合考虑。

(四)体表给药

体表给药主要目的是为杀死畜禽体表的寄生虫、微生物而采用的给药方法,包括喷洒、喷雾、熏蒸、涂擦和药浴等不同方法。

涂擦法适用于畜禽体表寄生虫的驱虫,以及部分体内寄生虫的驱虫。

药浴主要是为了预防和驱除羊疥癣、蜱、虱等体外寄生虫病的发生,特别是在牧区,每年在剪毛1周后,选择晴朗无风的天气,配制好药液,进行药浴或喷淋。药浴前要使羊饮足水,以免因口渴而饮药液中毒。药浴在药浴池中进行,浴池一般长10 m,宽2 m,深1.5 m。浴池一端竖直,另一端有一定坡度,保证羊从竖直端游到另一端时能自动上岸(图1-36)。药液按有关使用说明配制,药液用量应根据浴池的大小、羊的品种及个体大小来决定。水温不宜过冷,防止冷应激;水深以羊进入浴池能没及躯干为宜。

图 1-36　羊药浴

（五）注射给药

通过皮下或肌内注射给药是驱除牛、羊、猪等大动物体内寄生虫的重要途径。皮下注射一般选择皮肤较薄而皮下疏松易移动、活动性较小的部位，大家畜宜在颈侧中 1/3 部位，猪在耳根后，犬、羊在股内侧。肌内注射应选择肌肉丰满、远离神经干的部位，大家畜宜在臀部或颈部，猪在耳根后、颈部；羊宜在颈部。

任务二　微生态制剂

【学习目标】

了解微生态制剂的作用，掌握微生态制剂的使用方法及注意事项，熟悉影响微生态制剂作用效果的因素。

【操作与实施】

微生态制剂又叫活菌制剂、益生菌制剂，指能在动物消化道中生长、发育或繁殖，并起有益作用的微生物制剂，是为替代抗生素添加剂而开发的一类新型饲料添加剂。早在 18 世纪 40 年代就有人开始利用乳杆菌来防治猪腹泻，这是动物生产中最早使用的用于防治疾病的活菌制剂。近些年来，由于集约化养殖所带来的疾病频生，抗生素、激素类化学物质滥用导致的危害越来越严重，人们对微生物防治的研究越来越重视，水平也越来越高，各类微生态制剂的研究、生产和应用也更加广泛。正如我国著名微生物学家魏曦教授所言："光辉的抗生素时代之后，将是一个崭新的微生态制剂时代。"

根据微生态制剂的作用特点,将微生态制剂分为益生素、微生物生长促进剂两类。益生素即直接饲喂的微生物制剂,主要由正常消化道优势菌群的乳酸杆菌或双歧杆菌等种、属菌株组成。微生物生长促进剂是由真菌、酵母、芽孢杆菌等具有很强消化能力的种、属菌株组成。

一、微生态制剂的作用

(一)维持动物肠道菌群平衡

微生态制剂常用于恢复肠道优势菌群,调节微生态平衡。畜禽肠道内是一个由各种各样微生物构成的微生物群,正常状态下,有益菌在数量上占据优势地位。外界环境不良因素可引起菌群失调,导致肠道有害生物群和病原菌大量繁殖。一些有益菌特别是芽孢杆菌能消耗肠道内氧气,造成局部厌氧环境,有利于厌氧微生物生长,同时也抑制了需氧和兼性厌氧病原菌生长,从而使失调菌群恢复正常。

(二)抑制病原菌繁殖

益生素中的有益微生物可竞争性抑制病原菌附着到肠细胞上,促使其随粪便排出体外。给新生畜禽接种或饲喂益生素有助于畜禽建立正常的微生物区系,排除或控制潜在的病原体。益生素在肠道内代谢后产生乳酸、丙酸等,能抑制大肠杆菌等有害菌,同时可促进饲料的消化和吸收,而且乳酸的生成又会防止仔猪腹泻。另外,益生素在代谢过程中产生的过氧化氢对潜在的病原微生物有杀灭作用。

(三)提高饲料转化率,促进生长

有益菌在动物肠道内生长繁殖产生多种消化酶,如水解酶、发酵酶和呼吸酶等,有利于降解饲料中蛋白质、脂肪和复杂的碳水化合物;并且还会合成 B 族维生素、氨基酸以及促生长因子等营养物质,提高饲料转化率,促进动物生长。另外,许多微生物本身富含营养物质,添加到饲料中可作为营养物质被动物摄取,从而促进动物生长。

(四)增强机体免疫功能

益生菌可作为非特异性免疫调节因子,通过细菌本身或细胞壁成分刺激宿主免疫细胞,使其激活,促进吞噬细胞活力或作为佐剂发挥作用。此外,还可发挥特异性免疫功能,促进宿主 B 淋巴细胞分化,增强产生抗体的能力。

(五)改善环境卫生

微生态制剂中的某些菌属,例如嗜胺菌可利用消化道内游离的氨、胺及吲哚等有害物质,使肠内粪便和血液中氨下降,排出的氨也减少,而且排出的粪中还含有大量的活性菌体,可以利用剩余的氨;枯草芽孢杆菌在大肠中产生的氨基酸氧化酶及分解硫化物的酶类可将吲哚化合物完全氧化,将硫化物氧化成无臭无毒物质。因此,微生态制剂的添加可极大的降低粪便臭味,改善舍内空气质量,降低对环境的污染。

二、微生态制剂的应用及注意事项

(一)正确选用微生态制剂

预防动物疾病时主要选用乳酸菌、双歧杆菌等产乳酸类的细菌效果较好;为促进动物快速生长、提高饲料利用效率,则可选用以芽孢杆菌、乳酸杆菌、酵母菌和霉菌等制成的微生态制剂;若以改善养殖环境为主要目的,应从以光合细菌、硝化细菌以及芽孢杆菌为主的微生态制剂中去选择。

(二)掌握使用剂量

剂量不够,在体内不能形成菌群优势,难以起到益生作用;数量过多,则会造成浪费。一般认为每克日粮中活菌(或孢子)数以 $2 \times 10^5 \sim 2 \times 10^6$ 个为佳,饲料中一般添加 0.02%~0.2%。

(三)注意使用时间

微生态制剂在动物的整个生长过程中都可以使用,但不同生长时期其作用效果不尽相同。幼龄动物体内微生态平衡尚未完全建立,抵抗疾病的能力较弱,此时引入益生菌,可较快地进入体内,占据附着点,效果最佳。如预防仔猪下痢,宜在母猪产前 15 d 使用;为控制仔猪断奶应激性腹泻,可从仔猪断奶前 2 d 开始喂至断奶后第 5 天停药。另外,在断奶、运输、饲料转变、天气突变和饲养环境恶劣等应激条件下,动物体内微生态平衡易遭破坏,此时使用微生态制剂对形成优势菌群极为有利。

(四)避免与抗菌类药物合用

微生态制剂是活菌制剂,而抗菌类药物具有杀菌作用,一般情况下不可同时使用。但是当肠道内病原体较多,而微生态制剂又不能取代肠道有害微生物时,可先用抗菌药物调理肠道,然后使用微生态制剂,使非病原菌及微生态制剂中的有益菌成为肠道内的优势菌群。

(五)适当保存

微生态制剂的保存应尽量采用低温、干燥、避光存放,以保证活菌制剂的质量。

三、影响微生态制剂作用效果的因素

(一)动物种类

动物种类不同,益生素的作用不同。研究表明:适于单胃动物的菌株多为乳酸菌、芽孢杆菌、酵母菌等;适于反刍动物的则多为真菌类,以曲霉菌效果为好,它使瘤胃内的总细菌数和纤维分解酶成倍增加,加速纤维分解。

(二)水分

为了保证微生态制剂中的菌群活力,配合饲料的含水量越低越好,一般来说含水量低于 10% 比较理想。

(三)pH

大多数微生物在 pH 4~4.5 时均会自动死亡。因此,微生态制剂不适宜与酸化剂混合使用。

(四)温度

微生态制剂在贮藏时以不超过 25℃ 为宜。芽孢杆菌能耐受较高温度,52~102℃ 范围内损失很小,加入配合饲料中在 102℃ 条件下制粒,贮藏 8 周后仍然比较稳定。乳酸菌类在温度 66℃ 以上时几乎完全失去活性。链球菌在 71℃ 条件下,活菌损失 96% 以上。酵母菌在 82~86℃ 条件下完全失去活性。

(五)饲料成分的影响

饲料中的一些营养物质能显著影响微生物的活性:不饱和脂肪酸对微生态制剂具有拮抗作用;油脂在制粒过程中对微生态制剂耐受热压的能力具有保护作用。饲料中的矿物质、防霉剂、抗氧化剂对微生物也有拮抗作用,可降低其活性。

【思考与训练】

1.王某欲新建一规模化猪场,按照动物防疫的要求,在选址和建设布局上你能给他提出哪些建议?

2.假设你是某鸡场的场长,你对饲养场的相关人员将如何管理与培训?

3.常用消毒药品的选择、配置和使用应注意哪些问题?

4.试分析免疫失败的原因。

模块二　扑灭动物疫病

项目一　动物疫病监测与净化技术

项目二　重大动物疫情处理技术

导读

【岗位任务】控制疫病的发生、传播与流行。

【岗位目标】应知：动物疫病流行病学调查与分析、临诊监测、病原监测、免疫学监测；动物疫病净化；疫情报告，隔离，封锁，扑杀和无害化处理。

应会：流行病学调查的种类、内容、方法，流行病学分析的内容、方法；临床检查与病理学监测；病原监测样品的采集和送检、牛结核病变态反应监测、免疫抗体监测；奶牛"两病"净化、SEW技术；疫情报告责任人、程序、时限、形式、内容；隔离的对象和方法；封锁的对象及程序；扑杀方法、动物尸体无害化处理方法。

【能力素质要求】发生动物疫情时能够采取各种措施迅速地控制和扑灭动物疫病。

项目一　动物疫病监测与净化技术

任务一　动物疫病流行病学调查与分析

【学习目标】

熟悉流行病学调查的种类、内容、方法,能够通过流行病学调查资料进行疫情分析。

【操作与实施】

一、流行病学调查

(一)流行病学调查的种类和内容

根据调查对象和目的的不同,一般分为个例调查、流行(或暴发)调查、专题调查。

1. 个例调查

是指疫病发生后,对每个疫源地所进行的调查。目的是查出传染源、传播途径和传播因素,以便及时采取措施,防止疫病蔓延。个例调查是流行病学调查与分析的基础。个例调查的内容如下:

(1)核实诊断。准确的诊断是制定正确的防疫措施和进一步调查分析的依据。有些疫病的症状相似,但传播方式、预防方法却完全不同。如果混淆了诊断,会使调查线索不清,防疫措施无效。所以调查时首先必须核实诊断,除临床症状和流行病学诊断外,尚需进行血清学诊断、病原学诊断和病理学诊断。

(2)确定疫源地范围。根据患病动物在传染期内的活动范围,判断疫源地的范围。

（3）查明接触者。通常是将患病动物发病前 1～2 d 或从发病之日到隔离之前这段时间曾经与患病动物有过有效接触的动物和人视为接触者。如与呼吸道传染病病畜拴系在一起，与肠道传染病病畜同槽饲喂、同槽饮水等均属于有效接触。

（4）找出传染源。通常根据该病的潜伏期来推断传染源。如系个别散发病例，则传染源调查应首先从确定感染日期开始。感染日期计算一般是从发病之日向前推一个潜伏期，在最长潜伏期与最短潜伏期之间，即可能为感染日期。感染日期确定后，通过询问，了解患病动物在这几天里所到过的地方、活动场所及使役情况；是否接触过类似的患病动物以及接触方式。当怀疑某动物是传染源时，可进一步调查登记该动物周围动物群中有无类似的患病动物出现。若同样发现类似患病动物，则该动物为传染源的可能性很大。

如系一次流行或暴发，可根据潜伏期来估计有无共同流行因素存在，以推断传染源。若发病日期集中在该病最短潜伏期之内，说明它们之间不可能是互相传染的，可能来自一个共同点传染源。

一般情况下，临床症状明显、传播途径比较简单的疫病，如狂犬病等，传染源比较容易寻找；可有些疫病，如结核病、布鲁氏菌病等，因有大量的慢性或隐性感染病畜存在，传染源就比较难以查明。

（5）判定传播途径。一般是根据与传染源的接触方式来推断。当传染源不能确定时，可根据可能受感染方式来推断，如钩端螺旋体病可根据有疫水接触史来判断。

（6）调查防疫措施。包括患病动物的隔离检疫日期、方法、接触的动物及死亡动物处理情况、有无继发病例、疫源地是否经过消毒，并针对存在的问题，采取必要的措施。

2.流行（或暴发）调查

是指对某一单位或某一地区在较短时间内集中发生或连续发生大批同一种传染病患病动物进行的调查。主要目的是确定引起该病的具体原因，快速制定防控对策，控制疫情。流行时，由于患病动物数量较多、疫情紧急，兽医接到疫情报告后，应尽快赶赴现场，及时进行调查。调查一般按如下三个步骤进行。

（1）初步调查。包括以下几个步骤：

第一，了解疫情：着重了解本次流行开始发生的日期和逐日发病情况，最先从哪些单位或哪种动物中发生的；哪些单位和动物发病最多，哪些单位和动物发病最少，哪些单位和动物没有发病；对比发病与未发病的单位和动物在近期内使役和饲养卫生管理情况等方面有何不同;已经采取的防疫措施;当地居民有无类似疫病发生等。

第二,做出初步诊断:根据了解到的情况及在现场对患病动物的检查,做出初步诊断,推测流行原因,判断疫情发展趋势。

第三,提出初步防疫措施:根据本次流行的可能原因及流行趋势,结合传播途径特点,有针对性地提出初步防疫措施。

(2)深入调查。包括以下几个步骤:

第一,病例调查:对已发生的病例作全部或抽样调查,并按事先设计的流行病学调查表进行登记。调查时应注意寻找最早的患病动物及其传染源;查明误诊或漏诊的病例;对疑似传染源的患病动物或带菌(毒)者,应多次进行病原学检查;根据实际发病数,了解发病顺序,调查各病例之间的相互传播关系,判断可能的传染源和传播途径。

第二,流行因素调查:根据不同的病种及特征,有重点地对流行的有关因素进行详细调查。如疑为经水或经饲料传播时,则可对水源或饲料作重点调查,从而可以判断流行(或暴发)的原因。

第三,制定进一步的防疫措施:针对流行(或暴发)的原因,采取综合性防疫措施,尽快控制疫情。如果调查分析正确,措施落实后,发病应得到控制,经过该病一个最长潜伏期没有新病例发生。反之,疫情可能继续发展。因此,疫情能否被控制,是验证调查分析是否正确的重要依据。在整个调查过程中,必须与防疫措施结合进行,不能只顾调查不采取措施。

(3)追踪调查。追踪疫点传染源和传播媒介的扩散趋势。关键是查明接触者。通常,从第一个患病动物发病之日起向前推一个潜伏期到该疫点被封锁之前止,这段时间内曾与患病动物有过接触的动物和人进行隔离观察和控制。

3.专题调查

在流行病学调查中,有时为了阐明某一个流行病学专题,需要进行深入的调查,以做出明确的结论。如常见病、多发病和自然疫源性疾病的调查、某病带菌率的调查、血清学调查等,均属于专题调查。近来越来越广泛地将流行病学调查的方法应用于一些病因未明的非传染病的病因研究,这类调查具有更为明显的科学研究的性质,因此事先要有严密的科研设计。所用的调查方法有回顾性调查与前瞻性调查两种。

(1)回顾性调查。也叫病史调查或病例对照调查,是在病例发生之后进行的调查。个例调查及流行(或暴发)调查均属于回顾性调查。在做对照调查时,首先要确定病例组与对照组(非病例组),在两组中回顾某些因素与发病有无联系,如发生霉玉米中毒时,调查发病的与未发病的有无吃过霉玉米饲料,进行比较,以推测霉玉米与发病的联系。作为对照组,条件必须与病例组相同。回顾性调查不能直接估计某因素与某病的因果关系,只能提供线索。因此,回顾性调查的作用只是"从果推因"。

(2)前瞻性调查。在疫病未发生之前,为了研究某因素是否与某病的发生(或死亡)有联系,可先将动物划分为两组:一组为暴露于某因素组,另一组为非暴露于某因素组。然后在一定时期内跟踪观察两组某病的发病率和死亡率,并进行比较。前瞻性调查是"从因到果",它可以直接估计某因素与某病的关系。预防接种或某项防疫措施的效果观察也属于前瞻性调查。

(二)流行病学调查的方法

调查前,工作人员必须熟悉所要调查疫病的临床症状和流行病学特征以及预防措施,明确调查的目的,根据调查目的决定调查方法、拟订调查计划,根据计划要求设计合理的调查表。调查的方法与步骤如下:

1.确定调查范围

(1)普查。即某地区或某单位发生疫病流行时,对其动物群(包括患病动物及健康动物)普遍进行调查。如果流行范围不大,普查是较为理想的方法,获得资料比较全面。

(2)抽样调查。即从动物群中抽取部分动物进行调查。通过对部分动物的调查了解某病在全群中的发病情况,以部分估计总体。此法节省人力和时间,运用合适,可以得出较准确的结果。抽样调查的原则是:一要保证样本足够大;二要保证样本的代表性,使每个对象都具有同等被抽到的机会,不带任何主观选择性,这样才能使样本具有充分的代表性。其方法是用随机抽样法。最简单的随机抽样法就是抽签或将全体动物按顺序编号,或抽双数或抽单数,或每隔一定数字抽取一个等方法。若为了了解疫病在各种动物中的发病特点,可用分层抽样,即将动物按不同的标准,如年龄、性别、使役或放牧等分成不同的组别,再在各组动物中进行随机抽样。分层抽样调查所获得的结果比较准确,可以相互比较研究各组发病率差异的原因。

2.拟定流行病学调查表

流行病学调查表是进行流行病学分析的原始资料,必须有统一的格式及内容。表格的项目应根据调查的目的和传染病种类而定。要有重点,不宜繁琐,但必要的内容不可遗漏。项目的内容要明确具体,不致因调查者理解不同造成记录混乱而无法归类整理(表2-1)。

表 2-1 **动物疫病流行病学调查表**

编号：   调查日期：   年   月   日

检查站点名称				启用时间	
负责人姓名		联系电话		邮编	
详细地址					

基本状况	1. 地理特点:高山□ 山地□ 丘陵□ 平坝□ 河谷□ 盆地□ 其他□:_____
	2. 近期气候是否异常:否□ 是□:_____
	3. 交通情况:距交通干线:____km;距居民区:____km;距最近易感动物群:____km
	4. 场区面积:_____;畜禽舍栋数:_____;每栋畜禽舍面积:_____
	5. 周边有无河流、湖泊:无□ 有□:_____
	   附近是否有养殖场污水排入:无□ 有□:_____
	6. 周围是否有野生动物(野兽、野禽等)否□ 是□;种类:_____
	   分布情况:_____
	7. 隔离野鸟、防鼠、防蚊等设施设备:无□ 有□
	8. 畜禽群构成:种畜禽□ 商品畜禽(肉用□ 蛋用□ 奶用□ 皮毛用□) 混合□
	9. 饲养量:年存栏数:仔畜禽头/只____;育肥畜禽头/只____;种用畜禽头/只____;
	   年出栏数:仔畜禽头/只____;育肥畜禽头/只____;种用畜禽头/只____。
	10. 饲养方式:全进全出□ 连续饲养混群前是否隔离:是□ 否□
	11. 混养情况:否□ 是□:禽与猪□ 鸡与水禽□ 牛与羊□ 其他□:_____
	12. 防疫设施:进场洗澡更衣□ 进生产区换胶靴□ 场舍门口有消毒池□
	    定期全场消毒□ 供料道与出粪道分开□ 有防鼠和蚊虫设施□
	13. 饲养管理水平:好□ 一般□ 差□;畜禽场卫生状况:好□ 一般□ 差□
	14. 饲料:全价饲料□ 配合饲料□ 自产作物及杂粮□ 其他□:_____
	15. 排污设施:无□ 有□:_____;病死动物无害化处理设施:无□ 有□
	16. 饲养人员居住情况:驻场□ 不驻场□;家里是否饲养畜禽:否□ 是□
	17. 专职兽医人员情况:无□ 有□:_____人;技术水平:好□ 一般□ 差□
	18. 检查站:运输工具:_____;牌照:_____;承运人:_____
	    动物来源:_____;启运地:_____;目的地:_____
	    耳标:无□ 有□:_____头;检疫证明:无□ 有□:_____头

发病情况	主要发病动物种类		最初发病时间		开始死亡时间	
	发病年龄					
	病程					
	临床表现	发病数____头/只,其中:仔畜雏禽(日/月龄)____头/只;育成畜禽____头/只;成年畜禽____头/只;种畜禽____头;发病率____% 死亡数____头/只,其中:仔畜雏禽(日/月龄)____头/只;育成畜禽____头/只;成年畜禽:____头/只;种畜禽____头/只;死亡率____% 早产/流产/死产:____窝;死胎____个;木乃伊胎____个;弱仔____个				
		主要临床症状: 剖检病理表现:				

续表 2-1

发病情况	人感染和发病情况	
	野生动物及其他易感动物发病情况	
发病后治疗和消毒情况以及其他防控措施及其效果	治疗情况	使用抗菌药物： 使用激素类药物： 使用抗病毒药物： 是否开展紧急接种：否□ 是□： 其他对症治疗措施： 治疗效果：疗效很好□ 有一定疗效□ 没有明显疗效□ 加重病情□ 其他补充情况：
	消毒情况	畜禽场：_____消毒时间：_____;消毒次数：_____;消毒剂：_____ 运载工具：_____消毒时间：_____;消毒次数：_____;消毒剂：_____
	其他措施与效果	
周边有无疫情	无□ 有□:本村□ 本乡/镇/街道□ 本区/县□;发生的时间： 发病简要情况：	

免疫情况	疫苗名称	生产厂家、生产日期及批号	免疫时间	免疫剂量
	免疫程序：			
	是否开展免疫效果监测:□否 □是:免疫监测结果：			

续表 2-1

水源 情况	饮用水:自来水□　泉水□　浅井水□　深井水□　江河溪水□　塘、库水□　其他□: 冲洗水:自来水□　泉水□　浅井水□　深井水□　江河溪水□　塘、库水□　其他□:
种畜禽 来源	本地(区县)□:外区县□:_____ 市外□:_____ 自繁(孵)自养□:最初引种时间:_____;引种数量:_____头/只;引种地:_____
饲料及 饲养方 式改变	发病前 30 d 是否有饲养/管理方式的改变:否□　是□:_____ 发病前 30 d 是否有饲料及其原料的改变:否□　是□:_____
临床诊 断与病 因调查 结论	临床疑似诊断: 专家组成员: 初步结论:
疫源初 步调查 结果及 分析	
被调查 人与单 位	被调查人:(签名/盖章)联系电话: 被调查单位:(盖章)联系电话:

　调查组成员:_____　　填表人:_____

3.询问调查

询问是流行病学调查的一种简单而又基本的方法,必要时可组织座谈。调查对象主要是动物饲养管理和疫病防疫检疫以及生产管理等有关知情人员。调查结果按照统一的规定和要求记录在调查表上。询问时要耐心细致,态度亲切,边提问边分析,但不要按主观意图作暗示性提问,力求使调查的结果客观真实。询问时要着重问清:疫病从何处传来,怎样传来,动物群体资料,发病和死亡情况等内容。

4.现场调查

就是对患病动物周围环境进行实地调查。调查者应仔细察看疫区的兽医卫生、地理地形和气候条件等特点,以便进一步了解疫病流行的经过和关键问题所在。在进行现场调查时,可以根据疫病种类不同有侧重点地调查。如当调查肠道疫病时,应特别注意饲料的来源和质量,水源和卫生条件,粪便和尸体的处理情况,以及防蝇灭蝇措施等;调查呼吸道疫病时,应着重查看畜禽舍的卫生条件及接触的密切程度(是否拥挤);调查虫媒疫病时,应着重查看媒介昆虫的种类、分布、密度、生态习性、感染以及防虫灭虫措施等情况,并分析这些因素对发病的影响。

5. 实验室检查

为了准确诊断、发现隐性传染源、证实传播途径、摸清动物群免疫状态和有关病因等。通常需要对可疑患病动物应用病原学、血清学、变态反应、尸体剖检和病理组织学等各种诊断方法进行检查;对有污染嫌疑的各种因素(水、饲料、土壤、动物产品、节肢动物或野生动物等)进行微生物学和理化检查,以确定可能的传播媒介或传染源;有条件的地区,尚可对疫区动物群进行免疫水平测定。

6. 收集有关流行病学资料

包括以下几方面的资料:①本地区、本单位历年或近几年本病的逐年、逐月发病率;②疫情报告表、门诊登记以及过去防治经验总结等;③本单位周围的动物发病情况、卫生习惯、环境卫生状况等;④当地的地理、气候及野生动物、昆虫等。

二、流行病学分析

流行病学分析是应用流行病学调查材料来揭示传染病流行过程的本质和相关因素。

(一)整理资料

首先将调查所获得的资料检查一遍,看是否完整、准确。若有遗漏项目尽可能予以补查。对一些没有价值的或错误的材料予以剔除,以保证分析结果不致出现偏差。然后根据所分析的目的,将资料按不同的性质进行分组,如动物可按年龄、性别、使役或放牧、免疫情况等进行分组,时间可按日、周、旬、月、年进行分组;地区可按农区、牧区、多林山区、半农半牧区或单位分组。分组后,计算各组发病率,并制成统计表或统计图进行对比,综合分析。流行病学分析中常用的几种统计指标如下。

1. 发病率

是指一定时期某动物群中发生某病新病例的频率。发病率能较完全地反映传染病的流行情况,但不能说明整个流行过程,因为常有许多动物是隐性感染,而同时又是传染源。

$$发病率 = \frac{一定时期内某种动物群体某病的新病例数}{同期内该群动物平均数} \times 100\%$$

2. 感染率

是指用临床诊断法和各种检验法(微生物法、血清学、变态反应等)检查出来的所有感染某传染病的动物总数(包括隐性感染动物)占被检查动物总数的百分比。

统计感染率能比较深入地反映出流行过程的情况,特别是在发生某些慢性传染病(如猪气喘病、结核病、布鲁氏菌病、鸡白痢、鼻疽等)时,进行感染率的统计分析,具有重要的实践意义。

$$感染率 = \frac{感染某传染病的动物总数}{被检查的动物总数} \times 100\%$$

3. 患病率(流行率、病例率)

是指在某一指定时间动物群中存在某病的病例数的比率,病例数包括该时间内新老病例,但不包括此时间前已死亡和痊愈者。

$$患病率 = \frac{在某一指定时间动物群中存在的病例数}{在同一指定时间该群动物总数} \times 100\%$$

4. 死亡率

是指因某病死亡的动物数占某种动物总数的百分比,它能表示该病在动物群中造成死亡的频率,而不能说明传染病发展的特性,仅在死亡率高的急性传染病时才能反映出流行状态。但对于不易致死或发病率高而死亡率低的传染病来说,则不能表示出流行范围广泛的特征。因此,在传染病发展期间,还要统计发病率。

$$死亡率 = \frac{某动物群在一定时期内因某病死亡动物数}{同时期该动物总数} \times 100\%$$

5. 病死率

是指因某病死亡的动物总数占该病患病动物总数的百分比。它能表示某病在临诊上的严重程度,因此比死亡率能更精确地反映出传染病的流行过程和特点。

$$病死率 = \frac{某时期内因某病死亡动物数}{同时期患该病动物数} \times 100\%$$

(二)分析资料

1. 分析的方法

(1)综合分析。动物疫病的流行过程受着社会因素和自然因素多方面的影响,因此其过程的表现复杂多样。有必然现象,也有偶然现象;有真相,也有假象。所以分析时,应以调查的客观资料为依据,进行全面的综合分析,不能单凭个别现象片面做出流行病学结论。

(2)对比分析。即对比不同单位、不同时间、不同动物群等之间发病率的差别，找出差别的原因，从而找出流行的主要因素。

(3)逐个排除。类似于临床上的鉴别诊断。即结合流行特征的分析，先提出引起流行的各种可能因素，再对其逐个深入调查与分析，即可得出结论。

2.分析的内容

(1)流行特征的分析。

①发病率的分析。发病率是流行强度的指标。通过对发病率的分析，可以了解流行水平、流行趋势，评价防疫措施的效果，明确防疫工作的重点。如从某畜牧场近几年几种主要传染病的年度发病率的升降曲线进行分析，可以看出在当前几种传染病中，对畜群威胁最大的是哪一种，防疫工作的重点应放在哪里。又如分析某传染病历年发病率变动情况，可以看出该传染病发病趋势，是继续上升，还是趋于下降或稳定状态，以此判断历年所采取的防疫措施的效果，有助于总结经验。

②发病时间的分析。通常是将发病时间按小时或日、周、旬或月、季（年度分析时）为单位进行分组，排列在横坐标上，将发病数、发病率或百分比排列在纵坐标上，制成流行曲线图，以一目了然地看出流行的起始时间、升降趋势及流行强度，从中推测流行的原因。一般从以下几个方面进行分析：若短时间内突然有大批动物发病，时间都集中在该病的潜伏期范围以内，说明所有患病动物可能是在同一个时间内，由同一个共同因素所感染。围绕感染日期进行调查，可以查明流行或暴发的原因。即使共同的传播因素已被消除，但相互接触传播仍可能存在，所以通常有流行的"拖尾"现象；而食物中毒则无，因病例之间不会相互传播。若一个共同因素（如饲料或水）隔一定时间发生两次污染，则发病曲线可出现两个高峰（双峰形），如钩端螺旋体病的流行，即出现两个高峰，这两个高峰与两次降雨时间是一致的，因大雨将含有钩端螺旋体的鼠（或猪）尿冲刷到雨水中，耕畜到稻田耕地而受到感染。若病畜陆续出现，发病时间不集中，流行持续时间较久，超过一个潜伏期，病畜之间有较为明显的相互传播关系，则通常不是由共同原因引起的，可能畜群在日常接触中传播，其发病曲线多呈不规则形。

③发病地区分布的分析。将患病动物按地区、单位、畜禽舍等分别进行统计，比较发病率的差别，并绘制点状分布图（图上可标出患病动物发病日期）。根据分布的特点（集中或分散），分析发病与周围环境的关系。若患病动物在图上呈散在性分布，局限在一定范围内，说明该地区可能存在一个共同传播因素。

④发病动物群分布的分析。按动物的年龄、性别、役别、匹（头）数等，分析某病发病率，可以阐明该病的易感动物和主要患病对象，从而可以确定该病的主要防疫对象。同时结合患病动物发病前的使役情况及饲养管理条件可以判断传播途径和

流行因素。如某单位在一次钩端螺旋体病的流行中,发病的畜群均在 3 周前有下稻田使役的经历,而未下稻田的畜群中,无一动物发病,说明接触稻田疫水可能是传播途径。

(2)流行因素的分析。将可疑的流行因素,如动物群的饲养管理、卫生条件、使役情况、气象因素(温度、湿度、雨量)、媒介昆虫的消长等,与患病动物的发病曲线结合制成曲线图,进行综合分析,可提示两者之间的因果关系,找出流行的因素。

(3)防疫效果的分析。防疫措施的效果,主要表现在发病率和流行规律的变化上。一般来说,若措施有效,发病率应在采取措施后经过一个潜伏期的时间就开始下降,或表现为流行季节性的消失,流行高峰不明显。如果发病率在采取措施前已开始下降,或措施一开始发病立即下降,则不能说明这是措施的效果。

在评价防疫效果时,还要分析以下几点:①对传染源的措施,包括诊断的正确性与及时性、患病动物隔离的早晚、继发病例的多少等;②对传播途径的措施,包括对疫源地消毒、杀虫的时间、方法和效果的评价;③对预防接种效果的分析,可对比接种组与未接种组的发病率,或测定接种前后体内抗体的水平(免疫监测)。

通过对防疫措施效果的分析,总结经验,可以找出薄弱环节,不断改进。

任务二 动物疫病的临诊监测

【学习目标】

熟悉临床检查、病理学监测的基本内容。

【操作与实施】

一、临床检查

临床检查就是利用问、视、触、叩、听、嗅等临床诊断方法,对动物进行直接观察和系统检查,根据检查结果和收集到的症状、资料,综合判断其健康状况和疾病的性质。该法是疫病诊断中最基本、最简便易行的方法,也是疫病监测的重要方法。

临床检查时,应首先进行患病动物登记,询问病史或作流行病学调查。在做整体状态的一般检查过程中,要观察其营养、体态、行为和精神状态,被毛、皮肤及可视黏膜有无异常,测定其脉搏、呼吸、体温等,然后根据不同情况有重点地进行系统检查。如有必要,可应用某些特殊检查方法,如导管探诊、直肠检查、诊断性穿刺、X射线透视及摄影、超声波检查、心电图描记、功能试验及实验室检验等。

对于某些具有特征性症状的典型病例,通过临床诊断一般可以确诊。但应当指出,临床检查具有一定的局限性,如对发病初期特征性症状尚不明确的病例和非典型病例,则临床诊断难以确诊,只能提出可疑疫病的大致范围,必须配合其他方法进行诊断。在临床诊断时,要收集发病动物群表现的所有症状,进行综合分析判断,不能单凭少数病例的症状轻易下结论,并要注意与类症鉴别。

二、病理学监测

(一)大体观察

主要是首先进行尸体剖检,而后运用肉眼或借助放大镜、量尺、各种衡器等辅助工具,对检材及其病变性状(大小、形态、色泽、重量、表面及切面状态、病灶特征及坚度等)进行细致的观察和检测。这种方法简便易行,有经验的病理及临床工作者往往能借大体观察而确定或大致确定诊断或病变性质,特别是很多疫病都有程度不同的特殊病理变化,可作为诊断的重要依据之一。如猪瘟、猪气喘病、鸡新城疫、禽霍乱、牛肺疫等,都有特征性的病理变化,常常有很大的诊断价值。但最急性死亡和早期屠宰的病例,有时特征性的病变尚未出现,所以在病理剖检诊断时应尽可能多检查几例,并选择症状比较典型的病例进行剖检。尸体剖检必须在死后立即进行,夏季以不超过5~6 h,冬季以不超过24 h为宜。

(二)组织学检查

将病变组织制成厚约数微米的切片,经不同方法染色后用显微镜观察其细微病变,从而大大提高了肉眼观察的分辨能力,加深了对疾病和病变的认识,是最常用的观察、研究疾病的手段之一。同时,由于各种疾病和病变往往本身具有一定程度的组织形态特征,故常可借助组织学观察来诊断疾病。如疑为狂犬病时应取大脑海马角组织进行包涵体检查。

任务三 动物疫病病原监测

【学习目标】

掌握病原监测样品的采集和送检方法。

【操作与实施】

一、病原监测样品的采集和送检

（一）样品采集器材

1.血清、全血采集器材

5 mL、10 mL 一次性注射器、15 mL 离心管、1.5 mL EP 管、抗凝剂（0.1％肝素、阿氏液、枸橼酸钠）或装有玻璃珠的灭菌瓶、记号笔、防护服、无粉乳胶手套、防护口罩、签字笔、铅笔、空白标签纸、胶布、75％酒精棉球、碘酊棉球、冰袋、冷藏容器、消毒药品、组织采样单等。

2.组织样品采集器材

准备灭菌的解剖器械（剪刀、镊子、手术刀、大刀、斧头等）、灭菌试管、平皿或自封袋、载玻片、棉签、营养肉汤、30％及 50％甘油盐水缓冲液、加抗生素的磷酸盐缓冲液（病毒保存液）、50％甘油磷酸盐缓冲液、酒精灯、灭菌注射器、15 mL 的离心管、1.5 mL EP 管、记号笔、签字笔、防护服、无粉乳胶手套、防护口罩、铅笔、空白标签纸、胶布、75％酒精棉球、碘酊棉球、冰袋、冷藏容器、消毒药品、组织采样单等。

（二）活畜样品的采集

1.血清样品的采集

凝固全血在室温 2～4 h 后，有血清析出时，用无菌针剥离血凝块，然后放入 4℃冰箱 4～8 h 后，待大量血清析出时，吸出血清。必要时经离心机 3 000 r/min、30 min 离心，吸出血清。

2.全血样品的采集

全血采集后直接注入盛有抗凝剂的试管中，立即摇动，充分混合。也可将全血液注入盛有玻璃珠的灭菌瓶中，立即连续振荡脱纤维蛋白。

（三）活禽样品的采集

活禽样品的采集主要包括咽喉拭子的采集和泄殖腔拭子的采集。

1.咽喉拭子的采集

将棉签插入喉头口及上腭裂处来回刮 3～5 次取咽喉分泌液。

2.泄殖腔拭子的采集

将棉签插入泄殖腔转 2～3 圈并蘸取少量粪便。

最后将咽喉拭子、泄殖腔拭子一并放入盛有 0.8～1.0 mL 加有抗生素磷酸盐缓冲液的 EP 管中，加盖、编号。

(四)病死(屠宰)畜禽样品的采集

1.解剖前检查

急性死亡的牛、羊、猪、马等动物,解剖之前应作临床检查,疑似炭疽病的应采血、镜检,排除炭疽病后,方可解剖。动物死亡后应在 6 h 内进行剖检。解剖人员要注意自我保护。

2.肝、脾、肾、淋巴结、肺和牛、马心脏样品的采集

在肝、脾、肾、淋巴结、肺和牛、马心脏有病变的部位各采取 2~3 cm³ 的小方块,分别置于灭菌的试管或平皿中。其他畜禽采集整个心脏,置于自封袋中。细菌分离样品的采集可用烧红的刀片烫烙脏器表面,在烧烙部位刺一孔,用灭菌后的铂金耳伸入孔内,取少量组织或液体,作涂片镜检或划线接种于适宜的培养基上。

3.脑、脊髓样品的采集

取脑、脊髓 2~3 cm³ 浸入 50％甘油盐水中或将整个头部(猪、牛、马除外)割下,用消毒纱布包裹,置于不漏水的容器中。

4.肠、肠内容物及粪便样品的采集

肠样品的采集:选择病变最严重的部分,将其中的内容物弃去,用灭菌的生理盐水轻轻冲洗后,置于试管中。

肠内容物样品的采集:烧烙肠壁表面,用吸管扎穿肠壁,从肠腔内吸取肠内容物,放入 30％甘油盐水中或者直接将带有粪便的肠管两端结扎,从两端剪断。

粪便样品的采集:用棉签插到直肠黏膜表面采集粪便,然后将拭子放入 30％甘油盐水中。

5.液体病料样品的采集

采集胆汁、脓、黏液、关节液、水疱液等样品时,用药物或烫烙法消毒采样部位,用灭菌吸管(毛细吸管或注射器)经消毒部位插入,吸取内部液体,然后将病料注入灭菌试管中,加盖。也可用接种环经消毒部位插入,提取病料直接接种在培养基上。

6.胎儿样品的采集

取流产后的整个胎儿,装入自封袋或不透水塑料薄膜中。

7.皮肤样品的采集

用清水清洗病变皮肤后,取病变皮肤 3~5 g 放入灭菌小瓶中,加适量 50％甘油磷酸盐缓冲液(pH 7.4),加盖密封。

8.死(屠宰)禽样品的采集

死(屠宰)禽样品的采集除按上述方法采集,也可将整个死禽装入不透水塑料薄膜袋、自封袋中或其他容器内。

（五）组织样品采集完后的无害化处理

活畜禽、病死畜禽组织样品采集完后,应做好样品外包装和环境消毒以及病死畜禽及其产品的无害化处理。

（六）监测样品的保存运送

1.血清

分离的血清,一般不加防腐剂。血清若在1～2周内即可检验,可放在4℃冰箱内保存;如果保存时间较长,应放在-80～-20℃冰箱内保存。运送血清时可将血清放在盛有冰块的保温箱中运送。

2.全血

全血样品只能在4℃低温保存运送。保存时间不超过1周。

3.其余病原分离样品

将所采集的病原分离样品置于4℃左右保温容器中在24 h内送到实验室。若24 h内不能送到,可将采集的样品放入样品保存剂中4℃或冻存(做细菌分离的样品不宜冻存),样品不宜反复冻融。

（七）样品编号、采样单、送检单填写

每头动物的不同部位的组织样品应单独包装。包装好后,在样品袋或平皿外贴上标签,标签注明样品名、样品编号、采样日期等。采集好不同的样品后,同一动物的样品集中包装。同时填写动物组织(拭子)采样单、流行病学调查表、动物检测样品送检单和动物疫病预防控制中心接诊单。动物组织(拭子)采样单、疫点流行病学调查表、动物检测样品送检单、样品上的编号要一一对应。动物组织(拭子)采样单一式三份,一份由被采样单位保存、一份由送检单位保存、一份由检测单位保存。动物检测样品送检单和动物疫病预防控制中心接诊单一式两份,一份由送检单位保存,一份由检测单位保存。

二、病料制片镜检

通常用有显著病变的不同组织器官的不同部位制片数张,进行染色镜检。此法对于某些具有特征性形态的病原微生物可以迅速做出诊断,如炭疽杆菌、巴氏杆菌等。但对大多数传染病来说,只能提供进一步检查的依据或参考。

三、分离培养和鉴定

用人工培养的方法将病原微生物从病料中分离出来,细菌、真菌、螺旋体等可选择适当的人工培养基,病毒等可选用禽胚以及各种动物或组织培养等方法分离培养。将分离得到的病原微生物根据形态、培养特性、动物接种及免疫学试验等方法做出鉴定。

四、动物接种试验

通常选择对该种传染病病原微生物最敏感的动物进行人工感染试验。将采取的病料用适当的方法对实验动物进行人工接种,然后根据不同病原对动物的致病力、临床症状和病理变化特点来帮助诊断。当实验动物死亡或经一定时间杀死后,进行剖检观察体内变化,并采取病料进行涂片检查和分离鉴定。一般选用的实验小动物有家兔、小鼠、豚鼠、仓鼠、家禽、鸽子等。

任务四　动物疫病的免疫学监测

【学习目标】

掌握牛结核病变态反应监测的方法以及免疫抗体监测时采血、血清分离与保存、抗体检测的方法。

【操作与实施】

一、变态反应

动物患某些疫病(主要是慢性传染病)时,可对该病病原体或其产物(某种抗原物质)的再次进入机体产生强烈反应。能引起变态反应的物质(病原微生物、病原微生物产物或抽提物)称为变态原,如结核菌素、鼻疽菌素等,采用一定的方法将其注入患病动物时,可引起局部或全身反应。以牛结核病的监测为例:

(一)材料

1. 诊断液
牛型提纯结核菌素(PPD)。

2. 器材
酒精棉、卡尺、1~2.5 mL金属皮内注射器、皮内注射针头、煮沸消毒锅、镊子、毛剪、牛鼻钳、纱布、工作服、帽、口罩、胶鞋、记录表、线手套等。如为冻干结核菌素,还需要准备稀释用注射用水或灭菌的生理盐水,带胶塞的灭菌水瓶。

（二）操作方法

用结核分枝杆菌PPD进行皮内变态反应试验对活畜结核病是很有用的。出生后20 d的牛可用本试验进行检疫。

1. 注射部位与术前处理

将牛只编号，在颈侧中部了1/3处剪毛（或提前一天剃毛），3个月以内的犊牛，也可在肩胛部进行，直径约10 cm。用卡尺测量术部中央皮皱厚度，做好记录。注意术部应无明显的病变。如术部有变化时，应另选部位或在对侧进行。

2. 注射剂量

不论牛只大小，一律皮内注射1万IU。即将牛型提纯结核菌素稀释成每毫升含10万IU，皮内注射0.1 mL。如用2.5 mL注射器，应再加等量注射用水皮内注射0.2 mL。冻干提纯结核菌素稀释后应当天用完。

3. 注射方法

先以75%酒精消毒术部，然后皮内注射定量的牛型提纯结核菌素，注射后局部应出现小疱，如对注射有疑问时，应另选15 cm以外的部位或对侧重做。

4. 观察反应

皮内注射后经72 h时判定，仔细观察局部有无热痛、肿胀等炎性反应，并以卡尺测量皮皱厚度，做好详细记录。对疑似反应牛应立即在另一侧以同一批菌素同一剂量进行第2次皮内注射，再经72 h后观察反应结果。

对阴性和疑似反应牛，于注射后96 h、120 h再分别观察一次，以防个别牛出现较迟的迟发型变态反应。

5. 结果判定

（1）阳性反应。局部有明显的炎性反应，皮厚差大于或等于4.0 mm，其记录符号为"＋"。对进出口牛的检疫，凡皮厚差大于或等于2.0 mm者，均判为阳性。

（2）疑似反应。局部炎性反应不明显，皮厚差大于或等于2.0 mm，同时小于4.0 mm，其记录符号为"±"。

（3）阴性反应。无炎性反应，皮厚差在2.0 mm以下，其记录符号为"－"。

凡判定为疑似反应的牛只，于第一次检疫60 d后进行复检，其结果仍为可疑反应时，经60 d后再复检，如仍为疑似反应，应判为阳性。

二、免疫抗体监测

免疫抗体监测就是通过监测动物血清抗体水平，了解疫苗的免疫效果，掌握动物疫病免疫后在动物群体内的抗体消长规律，发布免疫预警信息，科学指导养殖场（户）制定动物疫病免疫程序，正确把握动物疫病免疫时间，合理有效地开展动物疫病免疫工作。因此,免疫抗体监测具有评价疫苗质量、评估免疫质量、重大疫病预警和动物重大疫病防控成效认证的作用。

（一）免疫抗体监测的类型

免疫抗体监测分为集中监测和日常监测两种:

1.集中监测

指春防和秋防结束后,集中采集免疫 21 d 以后的家畜和家禽进行禽流感、新城疫、口蹄疫、猪瘟等国家强制性免疫疫病的免疫抗体监测。

2.日常监测

指除集中监测外,每个月进行的强制性免疫的动物疫病和非强制性免疫的动物疫病的监测。

（二）免疫抗体监测的程序

1.采血

（1）采血器材。防护服、无粉乳胶手套、防护口罩、灭菌剪刀、镊子、手术刀、注射器、针头、记号笔、签字笔、空白标签纸、胶布、抗凝剂、75％酒精棉球、碘酊棉球、15 mL 的离心管、1.5 mL EP 管、冰袋、冷藏容器、消毒药品、血清采样单和调查表等。

（2）采血时间。免疫注射后 21 d 的动物方可采血。

（3）采血方法。对采血部位的皮肤先剃(拔)毛,碘酊消毒,75％的酒精消毒,待干燥后采血。采血方法推行生猪站立式或仰卧式前腔静脉、牛羊站立式颈静脉、禽类翅下静脉采血,采血过程严格无菌操作。

（4）采血数量。单一病种抗体监测的每头(只)采集 2～3 mL 全血,多病种抗体监测的每头(只)采集 5～10 mL 全血。

（5）全血保存。采集好的全血转入盛血试管,斜面存放,室温凝固后直接放在盛有冰块的保温箱,送实验室。从全血采出到血清分离出的时间不超过 10 h。

2.血清的分离与保存

（1）血清的分离、保存及运送。方法同动物病原监测样品的采集和送检。

（2）血清编号及采样单填写。采血时应按《动物血清采样单》的内容详细填写采样单,动物血清采样单一式三份,一份由被采样单位保存,一份由送检单位保存,一份由检测单位保存。

动物血清采样单的内容一般包括样品编号、动物种类、用途(种、蛋用)、日龄(月龄)、耳标号、免疫情况(如疫苗种类、生产厂家、产品批号、免疫剂量、免疫时间等)、动物健康状况、采集地点(乡镇、村、养殖场、屠宰场、市场等)、抽样比例、市场样品来源地、备注等。

3.抗体检测方法

常见动物疫病免疫抗体检测标准及方法详见表 2-2。

表 2-2　**常见动物疫病免疫抗体检测标准及方法**

分类	动物疫病种类	执行标准	检测方法
国家强制免疫的重大动物疫病	禽流感	GB/T 18936—2003	血凝－血凝抑制试验（HA-HI）和琼脂免疫扩散试验（AGP）
	新城疫	GB 16550—2008	血凝-血凝抑制试验（HA-HI）
	口蹄疫	GB/T 18935—2003 和 NY/SY 150—2000	正向间接血凝试验（IHA）和液相阻断酶联免疫吸附试验（LaP-ELISA）
	猪瘟	NY/SY 156—2000	正向间接血凝试验（IHA）

任务五　动物疫病净化技术

【学习目标】

熟悉奶牛"两病"净化工作的关键措施、净化猪群疾病的 SEW 技术以及种鸡场疫病净化工作的关键措施。

【操作与实施】

一、奶牛的"两病"净化

奶牛"两病"是指奶牛布鲁氏菌病和奶牛结核病。这两种病都是人畜共患传染病，对人类健康危害较大。因此，做好奶牛"两病"净化工作意义重大。奶牛"两病"净化工作的关键措施有以下几点：

（一）加强监测、检疫工作

搞好"两病"净化工作，是一个非常漫长的过程，需要加大力度，加强防检工作，才能逐渐达到"两病"净化的目的。每年 5～6 月份对奶牛普遍进行一次布鲁氏菌病和结核病检疫，发现阳性牛要立即扑杀并进行无害化处理。"两病"的监测，成年牛净化每年最好春秋两季各监测 1 次。外运的奶牛必须来自健康群、非疫区，并凭当地动物防疫监督机构出具的检疫合格证明，方可购入。购入后要隔离饲养 30 d，再经本地动物防疫监督机构检疫、监测,确认"两病"都为阴性时,方可解除隔离,混群饲养。

(二)加强宣传,切断传播途径

加强"两病"净化工作的宣传,提高养牛户对"两病"的认识,对于搞好"两病"净化非常重要。可通过出板报、发传单、广播等多种形式,广泛宣传"两病"净化的意义。如可通过鲜奶收购点必须凭奶牛健康证明收购鲜奶等措施,调动养殖户对奶牛"两病"检疫的积极性。对饲养人员、从事"两病"净化工作的人员每年定期进行健康检查,发现患病者,应调离岗位并及时治疗。

(三)加强对外引奶牛的监管

可通过多种方式,如村级防疫员监督饲养户购入奶牛情况,并及时报告当地动物防疫监督管理部门,进行实验室检测、检疫,从而预防"两病"发生。

(四)严格实行隔离、扑杀、消毒制度

大批检疫时,无论布鲁氏菌病或结核病,对检出的阳性牛均应立即隔离饲养,待检疫结束后,统一扑杀并无害化处理。制定饲养户消毒制度,定期进行消毒,尤其对检出阳性牛的场户,更要加强消毒工作。对病牛分泌物、污染物及污染的环境进行彻底消毒。消毒剂可选用 3%~5%来苏儿、20%石灰乳等,或根据实际选用适当浓度的氢氧化钠、强力消毒灵等,对控制和净化"两病"都有一定作用。

二、净化猪群疾病的 SEW 技术

仔猪早期断奶隔离饲养技术(SEW),是指母猪在分娩前按常规程序进行有关疾病的免疫注射,仔猪出生后保证吃到初乳,按常规免疫程序进行疫苗预防接种后,在 10~21 日龄进行早期断乳,然后将仔猪在隔离条件下保育饲养。保育仔猪舍要与母猪舍及生产猪舍分离开,隔离距离在 0.25~10 km,根据隔离条件的不同而不同。

(一)SEW 生产技术的主要特点

(1)母猪在妊娠期免疫后,对一些特定的疾病产生的抗体可以垂直传给胎儿,仔猪在胎儿期间就获得一定程度的免疫。

(2)出生仔猪必须吃到初乳,从初乳中获得必要的抗体。

(3)仔猪按常规免疫,产生并增强自身免疫能力。

(4)仔猪 22 日龄以前,即特定疾病的抗体在仔猪体内消失以前,就将断乳仔猪转移到洁净、具备良好隔离条件的保育舍养育。保育舍要严格实行全进全出制度。

(5)配制专用早期断乳仔猪饲粮,要保证饲粮有良好的适口性,易消化吸收和

营养全面。

(6)断乳后保证母猪及时配种和妊娠。

(7)由于仔猪本身健康无病,不受病原体的干扰,免疫系统没有激活,从而减少了抗病的消耗,加上科学配制的仔猪饲料,仔猪生长很快,到 10 周龄时体重可达 30~35 kg,比常规饲养的仔猪提高增重 5~10 kg。

(二)SEW 方法的机理

SEW 方法取得了良好的效益,其主要作用机理是:

(1)母猪在妊娠期进行了很好的免疫,母体内对一些疾病的免疫机能,通过初乳传递给仔猪,再加上仔猪本身的免疫能力,直到 21 日龄以前,仔猪从母体获得的免疫力还没有完全消失,就将仔猪从母猪舍移出,进入隔离条件良好的保育仔猪舍内。由于仔猪免疫机能强,其生长代谢旺盛,因此生长十分迅速。

(2)随着猪营养学研究的进展,对仔猪的消化生理和营养需要有了比较清楚的了解,仔猪 10 日龄以后所需的饲粮已经得到了很好地解决,仔猪能够很好地消化吸收饲粮中的营养物质,保证了仔猪快速生长的需要。

(3)SEW 法对仔猪断乳的应激比常规方法要小。仔猪在常规 28 日龄断乳后,大多会出现 7~10 d 的生长停滞期,尽管在以后生长中有可能补偿,但终究有很大影响。SEW 法基本没有或很少引起断乳应激,仔猪基本上都处于生长之中,因此生长非常快。

(4)仔猪舍的隔离条件要求严格,从而减少了疾病对仔猪的干扰,保证了仔猪的快速生长。

(三)SEW 法断乳仔猪的饲养管理

1. 断乳日龄的确定

断乳日龄主要是根据所需消灭的疾病及养猪场的技术水平而定。一般在 16~18 日龄断乳较好。

2. 饲料的配制原则

用于 SEW 法的饲料要求较高。一般可分为三个阶段配制混合料,第一阶段为诱食开始到断乳后 1 周,饲料的粗蛋白质 20%~22%,赖氨酸 1.38%,消化能 15.40 MJ/kg;第二阶段为断乳后 2~3 周,粗蛋白质 20%,赖氨酸 1.35%,消化能 15.02 MJ/kg;第三阶段 4~6 周,粗蛋白质水平与第二阶段相同,消化能为 14.56 MJ/kg。三个阶段饲粮的主要差异在蛋白质原料的不同,美国研究人员建议,第一阶段需用血清粉、血浆粉和乳清粉,第二阶段不需血清粉,第三阶段只需乳清粉。

3.饲养管理原则

在开食及仔猪不会大量吃料的时候,要将饲料放在板上引诱仔猪采食,一直到仔猪会采食时再用仔猪饲槽,仔猪喜欢采食颗粒饲料。仔猪采用全进全出方式饲养,每间猪舍养 100 头左右仔猪,每小间以 18～20 头仔猪为宜,保证环境适宜,通风良好。保育舍隔离条件及防疫消毒条件一定要良好,仔猪在运输途中,运输车也必须有隔离条件。

三、种鸡场疫病净化技术

种鸡的疫病净化是指有些传染病如鸡白痢、支原体病和淋巴白血病能够经种蛋传递给下一代。这些病会严重影响鸡的生长发育和产蛋。种鸡场疫病净化工作的关键措施有以下几点:

(一)做到合理布局,全进全出

种鸡场应建立在地势高燥、排水方便、水源充足、水质良好,离公路、河流、村镇(居民区)、工厂、学校和其他畜禽场至少 500 m 以外的地方。特别是与畜禽屠宰、肉类和畜禽产品加工厂、垃圾站等距离要更远一些。并做好场内合理布局,饲养时全进全出。

(二)重视饲料质量的控制和饮水的卫生消毒

饲料和饮水是养鸡的物质基础,是家禽维持生命活动的营养来源。如果不注意饲料的质量管理和饮水的卫生消毒,饲料和饮水都可能成为沙门氏菌、大肠杆菌的传播源。鱼粉和骨肉粉等动物性蛋白饲料,往往带有大量的沙门氏菌和大肠杆菌等病原。定期对饲料进行质量检测,发现饲料发霉、污染现象,立即予以清除,这些饲料绝不能喂鸡。除了在饲料生产过程中添加各种维生素和微量元素外,还定期给种鸡补充各种维生素,如在饲料中添加蛋鸡多维等。

鸡的饮水应清洁,无病原菌。种鸡场应定期对本场的水质进行检测,饮用水达到饮用的标准是:每毫升含大肠杆菌不超过 3 个,每升含细菌总数不超过 100 个。为保持鸡饮水的清洁卫生,可在鸡舍的进水管上安装消毒系统,按比例向水中加入消毒剂。常用的消毒药有次氯酸钠等。雏鸡饮水采用钟式饮水器和乳头式饮水器并用,成年鸡全部采用乳头式饮水器。

(三)重视环境的治理

良好的环境是保证鸡生长发育和保持较高产蛋率的重要条件,恶劣的环境是许多疾病发生的主要原因。种鸡场在重视外环境治理的同时,还应注意鸡舍的内环境控制,鸡舍的温度、湿度、光照、通风、密度、粉尘及微生物的含量等都会影响鸡的生长发育和产蛋。特别是鸡舍的氨气超过限量,对鸡的生长发育甚至免疫都会产生不利,还容易诱发传染性鼻炎等呼吸道疾病。因此,应定期对鸡舍内环境进行监测,发现问题及时采取措施解决。

(四)重视人工授精、种蛋和孵化过程中的消毒工作

为防止鸡白痢、支原体病、淋巴白血病、大肠杆菌病、葡萄球菌病等的传染,首先要保持产蛋箱的清洁卫生,定期消毒,减少种蛋的污染。窝外蛋、破蛋、脏蛋一律不得作为种蛋入孵,被选蛋放入种蛋消毒柜内用 28 mL/m³ 的福尔马林熏蒸消毒 30 min,然后送入孵化厅(室)定期进行消毒。兽医人员要对种蛋和孵化过程中的每个环节定期采样以监测消毒效果。采用人工授精的种鸡场要特别注意人工授精所用器具一定要严格消毒,输精时要做到一鸡一管,不得混用。

(五)做好种鸡群的免疫工作

种鸡和商品鸡在免疫方面有相同的地方,也有不同之处。种鸡的免疫不仅要通过免疫使本场的种鸡得到保护,还要让下一代雏鸡对一些主要传染病具有高而整齐的母源抗体,使雏鸡对一些主要传染病有抵抗力。这对于提高雏鸡的成活率有重要意义。为达到这一目的,种鸡在雏鸡和育成阶段,主要用弱毒苗免疫,18～20 周龄时注射油乳剂灭活苗,有的病(如传染性法氏囊炎)在 40 周龄时还要进行一次灭活苗加强免疫。

项目二　重大动物疫情处理技术

任务一　疫情报告

【学习目标】

熟悉疫情报告责任人、程序、时限、形式和内容。

【操作与实施】

一、疫情报告责任人

明确动物疫情责任报告主体,有利于督促当事人增强动物疫情报告意识和责任意识,也有利于追究违法行为人的法律责任。明确疫情报告责任人意义首先是由动物疫情的重要性决定的。动物疫情绝不仅仅是养殖者等从业者自己的事情,而且关系到社会公共利益和公众安全,一旦发现,必须报告。其次是由动物疫情报告的重要性决定的。动物疫情报告制度是动物疫情防控的首要环节,而责任报告人又是动物疫情报告的关键环节。只有首先明确责任报告人,才能尽快发现疫情,从而及时采取科学的、有力的控制措施,将疫情带来的危害降到最低。再次,规定责任报告人使动物疫情报告更具有可操作性。因为这些主体直接接触动物,他们会在第一时间发现动物的异常情况,与其他人相比,他们最清楚动物的发病情况,只有他们及时报告,才能尽早发现动物疫情。

动物疫情报告责任人,主要指以下的单位和个人:

1. 从事动物疫情监测的单位和个人

指从事动物疫情监测的各级动物疫病预防控制机构及其工作人员,接受兽医主管部门及动物疫病预防控制机构委托从事动物疫情监测的单位及其工作人员，对特定出口动物单位进行动物疫情监测的进出境动物检疫部门及其工作人员。

2.从事检验检疫的单位和个人

指动物卫生监督机构及其检疫人员，也包括从事进出境动物检疫的单位及其工作人员。

3.从事动物疫病研究的单位和个人

指从事动物疫病研究的科研单位和大专院校等。

4.从事动物诊疗的单位和个人

主要是指动物诊所、动物医院以及执业兽医等。

5.从事动物饲养的单位和个人

包括养殖场、养殖小区、农村散养户以及饲养实验动物等各种动物的饲养单位和个人。

6.从事动物屠宰的单位和个人

指各种动物的屠宰厂及其工作人员。

7.从事动物经营的单位和个人

是指在集市等场所从事动物经营的单位和个人。

8.从事动物隔离的单位和个人

是指开办出入境动物隔离场的经营人员。有的地方建有专门的外引动物隔离场，提供场地、设施、饲养及食宿等服务。如奶牛隔离场，隔离期内没有异常、检疫合格，畜主才能将奶牛运至自家饲养场。

9.从事动物运输的单位和个人

包括公路、水路、铁路、航空等从事动物运输的单位和个人。

10.责任报告人以外的其他单位和个人

发现动物染疫或者疑似染疫的，也有报告动物疫情的义务，但该义务与责任报告人的义务不同，性质上属于举报，他们不承担不报告动物疫情的法律责任。

二、疫情报告程序与时限

(一)疫情报告程序

动物疫情责任报告人发现动物染疫或者疑似染疫时，必须履行动物疫情报告义务，可以向当地兽医主管部门、动物卫生监督机构或者动物疫病预防控制机构三个机构之一报告；也可以向县区兽医主管部门在乡镇或区域的派出机构报告，向官方兽医部门或者当地乡镇人民政府聘用的村动物防疫员报告。接到疫情报告的乡镇或区域派出机构或村动物防疫员，应立即向当地兽医主管部门、动物卫生监督机构或者动物疫病预防控制机构报告。非上述三个机构的其他单位和个人获取有关动物疫情信息的,应当立即向当地三个兽医机构之一报告,并移送有关材料,不得未经兽医主管部门公布,直接散布动物疫情信息。

动物疫情责任报告人在报告动物疫情的同时,应当立即主动采取隔离、消毒等防控措施,不得转移、出售、抛弃该疫点动物,防止疫情传播蔓延。当地兽医主管部门、动物卫生监督机构或者动物疫病预防控制机构中的任何单位,接到动物疫情报告后,应当立即派技术人员以及动物卫生监督执法人员赶赴现场,按有关规定及时采取必要的行政和技术控制处理措施,例如疫点封锁、染疫动物隔离、病死动物暂控、场所及周边环境的消毒等,防止疫情传播蔓延。还要按照农业部《动物疫情报告管理办法》规定的程序和内容上报。

(二)疫情报告时限

根据农业部制定的《动物疫情报告管理办法》,动物疫情报告实行快报、月报和年报制度。

1. 快报

所谓快报,就是在发现某些传染病或紧急疫情时,应以最快的速度向有关部门报告,以便迅速启动应急机制,将疫情控制在最小的范围,最大限度地减少疫病造成的经济损失,保护人畜健康。

县级动物防疫监督机构和国家测报点确认发现一类或者疑似一类动物疫病,二类、三类或者其他动物疫病呈暴发性流行,新发现的动物疫情,已经消灭又发生的动物疫病时,应在 24 h 之内快报至中国动物疫病预防控制中心。中国动物疫病预防控制中心应在 12 h 内报国务院畜牧兽医行政管理部门。

如果属于重大动物疫情的,应按照国务院《重大动物疫情应急条例》的规定上报。该条例第十七条规定:县(市)动物防疫监督机构接到报告后,应当立即赶赴现场调查核实。初步认为属于重大动物疫情的,应当在 2 h 内将情况逐级报省、自治区、直辖市动物防疫监督机构,并同时报所在地人民政府兽医主管部门;兽医主管部门应当及时通报同级卫生主管部门。省、自治区、直辖市动物防疫监督机构应当在接到报告 1 h 内,向省、自治区、直辖市人民政府兽医主管部门和国务院兽医主管部门所属的动物防疫监督机构报告。省、自治区、直辖市人民政府兽医主管部门应当在接到报告后 1 h 内报本级人民政府和国务院兽医主管部门。重大动物疫情发生后,省、自治区、直辖市人民政府和国务院兽医主管部门应当在 4 h 内向国务院报告。

2. 月报

月报即按月逐级上报本辖区内动物疫病情况,为上级部门掌握分析疫情动态、实施防疫监督与指导提供可靠依据。县级动物防疫监督机构对辖区内当月发生的动物疫情,于下一个月 5 日前将疫情报告地(市)级动物防疫监督机构,地(市)级动物防疫监督机构每月 10 日前报告省级动物防疫监督机构,省级动物防疫监督机构于每月 15 日前报中国动物疫病预防控制中心,中国动物疫病预防控制中心将汇总分析结果于每月 20 日前报国务院畜牧兽医行政管理部门。

3.年报

实行逐级上报制。县级动物防疫监督机构应在每年 1 月 10 日前将辖区内上一年的动物疫情报告地(市)级动物防疫监督机构,地(市)级动物防疫监督机构应当在 1 月 20 日前报省级动物防疫监督机构,省级动物防疫监督机构应当在 1 月 30 日前报中国动物疫病预防控制中心,最后由中国动物疫病预防控制中心将汇总分析结果于 2 月 10 日前报国务院畜牧兽医行政管理部门。

三、疫情报告形式和内容

(一)基层动物疫情责任报告人的报告形式与内容

报告的形式可以是电话报告,到当地兽医主管部门、动物卫生监督机构或者动物疫病预防控制机构的办公地点报告,找有关人员报告,书面报告等。

报告的内容为疫情发生的时间、地点,染疫、疑似染疫动物种类和数量,同群动物数量,免疫情况,死亡数量,临床症状,病理变化,诊断情况,流行病学和疫源追踪情况,已采取的控制措施,疫情报告的单位、负责人、报告人及联系方式。

(二)动物防疫监督机构进行快报、月报、年报

以报表形式上报,动物疫情快报、月报、年报报表由国家兽医局统一制定。利用动物防疫网络系统进行上传。

疫情报告工作中,要严格执行国家有关疫情报告的规定及本省动物防疫网络化管理办法,认真统计核实有关数据,防止误报、漏报,严禁瞒报、谎报。保证做到及时上报、准确无误。

任务二　隔离

【学习目标】

了解隔离的意义,掌握隔离的对象和方法。

【操作与实施】

一、隔离的意义

隔离的目的是控制传染源,便于管理消毒,阻断流行过程,是防制动物疫病扩散的重要措施之一。将病畜和可疑感染的病畜与健康家畜分别隔离管理,可以防止病原扩散传播,以便将疫情控制在最小范围内加以就地扑灭。发现疑似一类动物疫病时,首先采取隔离措施,不仅要将疑似患病动物进行隔离,而且也要将其同群的动物进行隔离。然后及时进行诊断,采取控制扑灭措施。隔离场所的废弃物,应进行无害化处理,同时,密切注意观察和监测,加强保护措施。

二、隔离的对象和方法

根据诊断检疫的结果,可将全部受检动物分为患病动物、可疑感染动物和假定健康动物三类,应分别对待。

(一)患病动物

包括有典型症状或类似症状,或其他特殊检查呈阳性的动物。它们是危险性最大的传染源,应选择不易散播病原体、消毒处理方便的场所或房舍进行隔离。如患病动物数量较多,可集中隔离在原来的圈舍里。特别注意严密消毒,加强卫生和护理工作,需有专人看管,并及时进行治疗。隔离场所禁止闲杂人畜出入和接近。工作人员出入应遵守消毒制度。隔离区内的用具、饲料、粪便等未经彻底消毒,不得运出;没有治疗价值的动物,由兽医根据国家有关规定进行处理。

(二)可疑感染动物

指未发现任何症状,但与患病动物及其污染的环境有过明显的接触,如同群、同圈、同槽、同牧、使用共同的水源、用具等的动物。这类动物有可能处在潜伏期,并有排菌(毒)的危险,应在消毒后另选地方将其隔离、看管,限制其活动,详加观察,出现症状的则按患病动物处理。有条件时应立即进行紧急免疫接种或预防性治疗。隔离观察时间的长短,根据该种疫病的潜伏期长短而定,经一定时间不发病者,可取消其限制。

(三)假定健康动物

除上述两类外,疫区内其他易感动物都属于此类。应与上述两类严格隔离饲养,加强防疫消毒和相应的保护措施,立即进行紧急免疫接种,必要时可根据实际情况分散喂养或转移至偏僻牧地。

任务三　封锁

【学习目标】

　　熟悉封锁的对象、原则、封锁区的划分以及实施封锁的程序,了解封锁区应采取的控制措施和解除封锁的条件。

【操作与实施】

　　封锁是指在发生严重危害人、畜健康的动物疫病时,由国家将动物发病地点及其周围一定范围的地区封锁起来,禁止随意出入,以切断动物疫病的传播途径,迅速扑灭疫情的一项严厉的行政措施。由于采取封锁措施,封锁区内各项活动基本处于与外界隔离的状态,不可避免地要对当地的生产和人民群众的生活产生很大影响,故该措施必须严格控制使用,或者说必须严格依法执行。为此,《中华人民共和国动物防疫法》对封锁措施有严格的限制性规定。

一、封锁的对象、原则

(一)封锁的对象

　　封锁的对象是一类动物疫病或当地新发现传染病。这类疫病对人与动物危害严重,需要采取紧急、严厉的强制预防、控制、扑灭等措施,迅速控制疫情和集中力量就地扑灭,以防止疫病向安全区散播和健康动物误入疫区而被传染,从而保护其他地区动物的安全和人体健康。

　　《中华人民共和国动物防疫法》第四章规定,封锁只适用于以下情况:①发生一类动物疫病时;②当地新发现的动物疫病呈暴发流行时;③二类、三类动物疫病呈暴发性流行时。除上述情况外,不得随意采取封锁措施。当地县级以上地方人民政府兽医主管部门应当立即派人到现场,划定疫点、疫区、受威胁区,调查疫源,及时报请本级人民政府对疫区实行封锁。疫区范围涉及两个以上行政区域的,由有关行政区域共同的上一级人民政府对疫区实行封锁,或者由各有关行政区域的上一级人民政府共同对疫区实行封锁。必要时,上级人民政府可以责成下级人民政府对疫区实行封锁。

(二)执行封锁的原则

　　执行封锁时应掌握"早、快、严、小"的原则,即发现疫情时报告和执行封锁要早,行动要果断迅速,封锁措施要严格,封锁范围要小。

二、封锁区的划分

为扑灭疫病采取封锁措施而划出的一定区域,称封锁区。封锁区的划分,应根据该病流行规律、当时流行特点、危害程度、动物分布、地理环境、居民点以及交通条件等具体情况确定疫点、疫区和受威胁区。疫点、疫区和受威胁区的范围,由畜牧兽医行政管理部门根据规定和扑灭疫情的实际需要划定,其他任何单位和个人均无此权利。

(一)疫点

患病动物所在的地点称为疫点。具体来说,是指经国家指定的检测部门检测确诊发生了一类传染病疫情的养殖场(户)、养殖小区或其他有关的屠宰加工、经营单位;如为农村散养,则应将病畜禽所在的自然村划为疫点;放牧的动物以患病动物所在的牧场及其活动场所为疫点;动物在运输过程中发生疫情,以运载动物的车、船、飞行器等为疫点;在市场发生疫情,则以患病动物所在市场为疫点。

(二)疫区

指以疫点为中心,半径 3 km 范围内的区域。范围比疫点大,一般是指有某种传染病正在流行的地区,其范围除病畜禽所在的畜牧场、自然村外,还包括病畜禽发病前(在该病的最长潜伏期内)后所活动过的地区。疫区划分时注意考虑当地的饲养环境和天然屏障,如河流、山脉等。

(三)受威胁区

为疫区周围一定范围内可能会受疫病传染的地区,通常由疫区边缘向外延伸5~10 km 范围内的区域为受威胁区。不同的动物疫病病种,其划定的受威胁区范围也不尽相同,如发生高致病性禽流感、猪瘟和新城疫疫情等,受威胁区的范围为疫区外延 5 km 范围内的区域,口蹄疫疫情为疫区外延 10 km 范围内的区域。

三、封锁实施

(一)启动封锁的程序

在发生应当封锁的疫情时,由当地兽医主管部门划定疫点、疫区、受威胁区,并及时报请同级人民政府对疫区实行封锁。县级以上人民政府接到本级兽医主管部门对疫区实行封锁的请示后,应当在 24 h 内立即以政府的名义发布封锁令,对疫区实行封锁。发布封锁令的地方人民政府应当启动相应的应急预案,立即组织有关部门和单位采取封锁、隔离、扑杀、销毁、消毒、无害化处理、紧急免疫接种等强制性措施,迅速扑灭疫病,并通报毗邻地区。

(二)封锁区应采取的控制措施

1. 疫点

(1)禁止人、动物、车辆出入和动物产品及可能污染的物品运出;在特殊情况下人员必须出入时,需经有关兽医人员许可,经严格消毒后出入。

(2)扑杀疫点内所有的患病动物(高致病性禽流感为疫点内所有禽只、口蹄疫为疫点内所有病畜及同群易感动物、猪瘟为所有病猪和带毒猪、新城疫为所有的病禽和同群禽只),销毁所有病死动物、被扑杀动物及其产品。

(3)对动物的排泄物、被污染饲料、垫料、污水等进行无害化处理。

(4)对被污染的物品、交通工具、用具、饲养场所、场地进行彻底消毒。

(5)对发病期间及发病前一定时间内(高致病性禽流感为发病前 21 d,口蹄疫为发病前 14 d)售出的动物及易感动物进行追踪,并做扑杀和无害化处理。

2. 疫区

(1)在疫区周围设置警示标志,在出入疫区的交通路口设置动物检疫消毒检查站,执行监督检查任务,对出入车辆和有关物品进行消毒。

(2)对所有易感动物进行紧急强制免疫,建立完整的免疫档案,但发生高致病性禽流感时,疫区内的禽只不得进行免疫,所有家禽必须扑杀,并进行无害化处理,同时销毁相应的禽类产品;其他一类疫病发生后,必要时可对疫区内所有易感动物进行扑杀和无害化处理。

(3)关闭畜(禽)及其产品交易市场,禁止活畜(禽)进出疫区及产品运出疫区,但发生高致病性禽流感时,要关闭疫点及周边 13 km 范围内所有家禽及其产品交易市场。

(4)对所有与患病动物、易感动物接触过的物品、交通工具、畜禽舍及用具、场地进行彻底消毒。

(5)对易感动物进行疫情监测,及时掌握疫情动态。

(6)对排泄物、被污染饲料、垫料及污水等进行无害化处理。

3. 受威胁区

(1)对所有易感动物进行紧急强制免疫,免疫密度应为 100%,以建立"免疫带",防止疫情扩散。

(2)易感动物不许进入疫区,不饮用由疫区流过来的水,禁止从疫区购买动物、草料和动物产品。

(3)加强疫情监测和免疫效果监测,掌握疫情动态。

四、解除封锁

《中华人民共和国动物防疫法》第三十三条规定："疫点、疫区、受威胁区的撤销和疫区封锁的解除,按照国务院兽医主管部门规定的标准和程序评估后,由原决定机关决定并宣布"。由于动物疫病的潜伏期不尽相同,农业部于 2007 年发布了《关于印发〈高致病性禽流感防治技术规范〉等 14 个动物疫病防治技术规范的通知》,对撤销疫点、疫区、受威胁区的条件和解除疫区封锁做出了具体规定。

一般而言,疫区(点)内最后一头患病动物扑杀或痊愈后,经过该病一个以上最长潜伏期的观察、检测,未再出现患病动物时,经过终末消毒,由上级或当地动物卫生监督机构和动物疫病预防控制机构评估审验合格后,由当地兽医主管部门提出解除封锁的申请,由原发布封锁令的人民政府宣布解除封锁同时通报毗邻地区和有关部门。疫点、疫区、受威胁区的撤销,由当地兽医主管部门按照农业部规定的条件和程序执行。疫区解除封锁后,要继续对该区域进行疫情监测,如高致病性禽流感疫区解除封锁后 6 个月内未发现新病例,即可宣布该次疫情被扑灭。

任务四　扑杀和无害化处理

【学习目标】

熟悉对病畜或可疑病畜的扑杀方法、注意事项,掌握动物尸体的无害化处理技术。

【操作与实施】

一、扑杀

扑杀是扑灭动物疫病的一项经常运用的强制性措施。其基本的做法是将患有疫病的动物,有的甚至包括患病动物的同群动物人为致死,并予以销毁,以防止疫病扩散,把损失限制在最小的范围内。决定采取扑杀措施的主体是发布封锁令的地方人民政府。

扑杀病畜和可疑病畜是迅速、彻底地消灭传染源的一种有效手段。对于一些烈性传染病或烈性人畜共患病的染疫动物要立即扑杀,并按有关规定严格处理。在一个国家或地区,新发生某种传染病时,为了迅速消灭疫情,常将最初疫点内的患病与可疑患病动物全部扑杀。在疫区解除封锁前,或某地区、某国消灭某种传染病时,为了尽快拔除疫点,也可将携带该病原的或检疫呈阳性的动物进行扑杀。对某些慢性经过的传染病,如结核病、布鲁氏菌病、鸡白痢等,应每年定期进行检疫。为了净化这些疫病,必须将每次检出的阳性动物扑杀。

(一)扑杀前准备

扑杀前准备是顺利完成扑杀工作的保证。当重大动物疫病呈暴发流行时,往往会因准备不周,导致扑杀过程中缺少物资或人力而耽误扑杀工作的进行。完整的扑杀准备工作应考虑:扑杀文件的起草、公布,主要包括应急预案的启动,扑杀令、封锁令等。此外还要考虑扑杀方法、扑杀地点、扑杀顺序、需要的人力和设施、器具、资金等。

(二)人力要求

扑杀染疫动物应由动物防疫专业技术人员和能熟练扑杀动物的人员来进行。他们一方面能够鉴别染疫动物,另一方面还熟练掌握扑杀技术。同时还要清楚扑杀工作会给有关人员带来的影响。此外,最好还要请当地政府领导帮助个别畜主及其家人解决因扑杀而产生的心理和精神上的问题,同时还要避免某些养殖户拒绝扑杀,阻挠扑杀工作进行的事件发生。

(三)扑杀场地选择

选择扑杀场地遵循因地制宜原则。重点应考虑下列因素:现场可利用的设施;需要的附属设施和器具;易于接近尸体处理场地,防止运输过程中染疫动物及其产品的污物流出或病菌经空气散播,导致道路及其周围污染;人身安全;畜主可接受程度;财产损失的可能性;避免公众和媒体的注意。特别是在农村散养户发生疫情需要扑杀时,虽然范围广,但是每户平均后数量少,可以采取就近原则,由养殖户自己挖坑,专业人员鉴定、扑杀并指导无害化处理的方法。

(四)扑杀方法选择

为了"早、快、严"扑灭动物疫情,控制动物疫病的流行和蔓延,促进养殖业发展和保护人们身体健康,采取科学合理、方便快捷、经济实用的扑杀方法,是彻底消灭传染源、切断传播途径最有效的手段。主要有以下几种方法:

1.静脉注射法

此法适用于扑杀染疫的牛、驴、骡等大动物。首先将染疫动物保定好,然后用静脉输液的方法将消毒药输入到动物体内致其死亡。常用的注射用消毒药有来苏儿、甲醛等,注射用消毒药的用量视被扑杀的染疫动物的耐受性及消毒药物的种类不同而不同。

2.心脏注射法

此法对大、中、小染疫动物均适用。牛等大型染疫动物要先麻醉,然后使其右侧卧地,再用注射器吸取菌毒敌 100 mL 注入心脏;猪、羊等中小染疫动物要先进行保定,然后用注射器吸取菌毒敌 40 mL 进行心脏注射。

3.毒药灌服法

取敌敌畏 400 mL 或尿素 0.5 kg,加水 1 kg,混合溶解后给染疫动物灌服。此法虽然简便易行,但灌服时动物挣扎,有可能将药液溅到工作人员身上,应注意防护。

4.电击法

此法比较经济适用,给染疫动物通电,利用电流对机体的破坏作用来扑杀染疫动物。但该方法具有危险性,需要操作人员注意自身保护。图 2-1 为动物扑杀器。

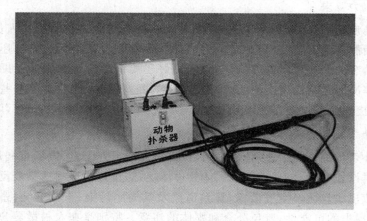

图 2-1 动物扑杀器

5.扭颈法

主要适用于染疫家禽,在扑杀量较小时采用。根据禽只大小,一只手握住头部,另一只手握住体部,朝相反方向扭转拉伸。

6.二氧化碳窒息法

此法主要适用于染疫家禽。二氧化碳致死疫禽是世界动物卫生组织推荐的人道扑杀方法,先将待扑杀禽只装入袋中,置入密封车或其他密封容器,通入二氧化碳窒息致死;或将禽只装入密封袋中,通入二氧化碳窒息致死。该方法具有安全、无二次污染、劳动量小、成本低廉等特点,在禽流感防控工作中是非常有效的方法。

二、无害化处理技术

(一)尸体的运送

1.工作人员要求

尸体运送前,工作人员应穿戴工作服、口罩、风镜、胶鞋及手套(图 2-2)。

图 2-2　**穿着防护服的工作人员**

2.车辆要求

使用特制的运尸车。

3.动物尸体要求

装车前应将尸体各天然孔用蘸有消毒液的湿纱布、棉花严密填塞,小动物和禽类可用塑料袋盛装,以免流出粪便、分泌物、血液等污染周围环境。

4.消毒要求

对尸体躺过的地方,要用消毒药液喷洒消毒,若为土壤地面,则应铲除表土连同尸体一起装车运走。运送过尸体的用具、车辆应严加消毒,工作人员用过的手套、衣物及胶鞋等亦应进行消毒。

(二)无害化处理技术

无害化处理是指用物理、化学或生物学等方法处理带有或疑似带有病原体的动物尸体、动物产品或其他物品,以消灭传染源、切断传播途径、破坏毒素,保障人畜健康安全。常用的方法有:

1.焚烧法

焚烧法杀灭病原体较彻底,由于不能利用产品,且成本高,故不常用。但对一些危害人畜健康极为严重的传染病病畜的尸体,仍有必要采用此法。焚烧时,先在地上挖一"十"字形沟,沟长约 2.6 m、宽 0.6 m、深 0.5 m,在沟的底部放木柴和干草作引火用,于十字沟交叉处铺上横木,其上放置动物尸体,尸体四周用木柴围上,然后洒上煤油焚烧,至尸体烧成黑炭为止,然后将其掩埋在坑内。也可用单坑或专门的焚烧炉焚烧(图 2-3)。

图 2-3　焚烧法处理动物尸体

2. 掩埋法

掩埋地点宜选择远离住宅、农牧场、水源、草原及道路的僻静之处。要求地势高,地下水位低,能避开山洪冲刷,土质干而多孔(沙土最好),以利于尸体加快腐败分解。坑的大小以能容纳所处理的动物尸体为宜,从坑沿到尸体表面高度不得少于 1.5 m。掩埋时坑的底部要铺以 2~5 cm 厚的石灰,将尸体放入,使之侧卧,并将污染的土层、捆尸体的绳索一起抛入坑内,然后再铺 2~5 cm 厚的石灰,填土夯实(图 2-4)。

图 2-4　掩埋动物尸体

3. 发酵法

将尸体抛入尸坑内,利用生物热的方法进行发酵,从而起到消毒灭菌的作用。尸坑一般为井式,深达 9~10 m,直径 2~3 m,坑口高出地面 30 cm 左右,并用盖子盖住。将尸体投入坑内,堆到距坑口1.5 m处,盖上盖子,经3~5个月发酵处理后,尸体即可完全腐败分解(图2-5)。

图 2-5　发酵法处理动物尸体

【思考与训练】

　　1.常用的疫病监测手段有哪些?

　　2.重大动物疫情报告应包括哪些内容?

　　3.隔离和封锁在实际扑灭传染病措施中有何作用?

　　4.如何进行动物尸体无害化处理?

模块三　动物检疫

项目一　产地检疫
项目二　屠宰检疫
项目三　检疫监督

导读

　　【岗位任务】应用相关法律法规、动物检疫方法、程序和要求实现"防检结合,以检促防"的目的。

　　【岗位目标】应知:生猪、家禽、反刍动物、乳用种用动物的产地检疫;生猪、家禽、牛、羊的屠宰检疫;检疫监督。

　　应会:生猪、家禽、反刍动物、乳用、种用动物产地检疫的范围、对象、合格标准、程序,群体检查异常临床表现,视诊、触诊、听诊、体温、脉搏、呼吸数检查;生猪、家禽、牛、羊宰前检查及同步检疫项目及处理;产地环节、屠宰环节、流通环节、运输环节、使用环节检疫监督程序。

　　【能力素质要求】培养法律意识,能够依法依规配合相关职能部门进行动物检疫。

项目一 产地检疫

任务一 生猪、家禽、反刍动物产地检疫

【学习目标】

熟悉生猪、家禽、反刍动物产地检疫的范围、对象、合格标准程序及处理结果；掌握动物群体检查方法、异常临床表现及动物个体检查方法、个体视诊时的临床表现。

【操作与实施】

2010年4月20日，农业部发布实施了《生猪产地检疫规程》、《家禽产地检疫规程》、《反刍动物产地检疫规程》，规定了生猪、家禽、反刍动物产地检疫项目有：申报受理、查验资料及畜禽标识、临床检查、实验室检测、检疫结果处理、检疫记录等。

一、检疫范围

产地检疫规程适用于中华人民共和国境内的生猪（含人工饲养的野猪）、反刍动物（牛、羊、鹿、骆驼）、家禽（含人工饲养的同种野禽）的产地检疫；合法捕获的同种野生动物的产地检疫参照执行。

二、检疫对象

1.生猪（含人工饲养的野猪）

口蹄疫、猪瘟、高致病性猪蓝耳病、猪丹毒、猪肺疫、炭疽。

2.禽（鸡、鸭、鹅）

高致病性禽流感、新城疫、鸡传染性喉气管炎、鸡传染性支气管炎、鸡传染性法氏囊病、马立克氏病、禽痘、鸭瘟、小鹅瘟、鸡白痢、鸡球虫病。

3.反刍动物（牛、羊、鹿、骆驼）

口蹄疫、布鲁氏菌病、结核病（羊除外）、炭疽（牛、羊）、牛传染性胸膜肺炎。绵羊痘和山羊痘、小反刍兽疫（羊）。

三、检疫合格标准

(1)来自非封锁区或未发生相关动物疫情的饲养场（养殖小区）、养殖户。

(2)按照国家规定进行了强制免疫，并在有效保护期内。

(3)养殖档案相关记录和畜禽标识（禽除外）符合规定。

(4)临床检查健康。

(5)规定需进行实验室疫病检测的，检测结果合格。

四、检疫程序

产地检疫工作程序见图3-1。

(一)申报受理

国家实行动物检疫申报制度。动物卫生监督机构根据检疫工作需要，设置合理的动物检疫申报点，并向社会公布动物检疫申报点、检疫范围和检疫对象。

(1)出售、运输动物产品和供屠宰、继续饲养的动物，应当提前3 d申报检疫。

(2)参加展览、演出和比赛的动物，应当提前15 d申报检疫。

(3)向无规定动物疫病区输入相关易感动物、易感动物产品的，货主除按规定向输出地动物卫生监督机构申报检疫外，还应当在起运3 d前向输入地省级动物卫生监督机构申报检疫。

(4)合法捕获野生动物的，应当在捕获后3 d内向捕获地县级动物卫生监督机构申报检疫。

(5)申报检疫的，应当提交检疫申报单，申报检疫采取申报点填报、传真、电话等方式申报。采用电话申报的，需在现场补填检疫申报单。

(6)动物卫生监督机构在接到检疫申报后，根据当地相关动物疫情情况，决定是否予以受理。受理的，应当及时派出官方兽医到现场或到指定地点实施检疫；不予受理的，应说明理由。

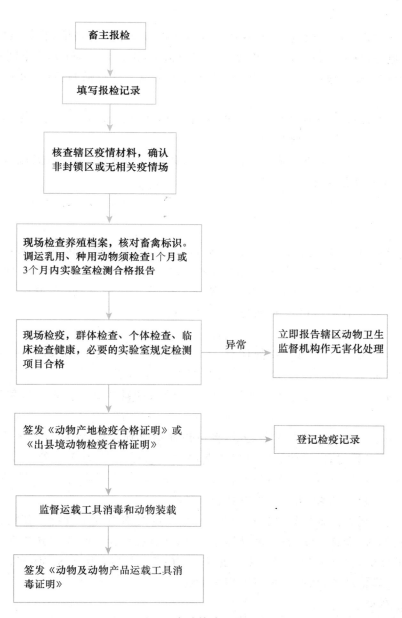

图 3-1　产地检疫工作程序

（二）查验资料及畜禽标识

（1）官方兽医应查验饲养场（养殖小区）《动物防疫条件合格证》和养殖档案，了解生产、免疫、监测、诊疗、消毒、无害化处理等情况，确认饲养场（养殖小区）6个月内未发生相关动物疫病，确认生猪、禽只已按国家规定进行强制免疫，并在有效保护期内。

（2）官方兽医应查验散养户防疫档案，确认生猪、反刍动物、禽只已按国家规定进行强制免疫，并在有效保护期内。

（3）官方兽医应查验生猪、反刍动物的畜禽标识加施情况，确认其佩戴的畜禽标识与相关档案记录相符。

（三）临床检查

1. 群体检查

对待检动物群体进行现场检查观察，以便对整群动物的健康状况做出初步评价，对检出的病态动物做好标记或隔离，以待个体检查。一般遵循先休息后检查、先大群后小群、先幼年后成年、先种用畜群后其他用途的、先健康后染病畜群、先群体检查后个体检查的原则。采用的是先静态、再动态、后饮食状态的检查方法。

（1）静态观察。在动物安静休息，完全保持自然状态下，观察其站立、睡卧姿势，精神状态，营养程度和呼吸、反刍等基本生理活动现象。注意有无异常的站立、睡卧姿势，有无咳嗽、喘息、呻吟、流涎、嗜睡、孤立一隅等可疑病态的个体。

（2）动态观察。经静态观察之后，将被检动物驱赶起来，观察其自然活动和驱赶活动。重点看起立、运动的姿势与步态，精神状态。注意有无不愿起立，不能起立或起立困难以及跛行、步态蹒跚、转圈、共济失调、曲背弓腰、离群掉队及运动后咳嗽、喘气等异常现象，从中发现可疑病态动物。

（3）食态观察。观察动物自然采食、饮水动作，可有意少给食物看其抢食行为，注意不食不饮、少食少饮、吞咽困难和退槽、呕吐、流涎、异常鸣叫等异常现象，检查排粪尿的姿势，注意粪尿的颜色、浑浊度、气味等。观察有无拉稀、便秘、少尿、血尿，血便等异常现象，从中发现可疑病态动物。

2. 个体检查

个体检查是对群体检查时检出的可疑病态动物进行详细和系统的临诊检查。初步鉴定动物是否为检疫对象，必要时进行实验室检疫。

若群体检查没有发现病态动物，亦应抽查5%～20%的动物作个体检查。若抽查发现检疫对象,再抽检10％,必要时对全群动物逐一进行复查。个体检查方法一般包括视诊、触诊、听诊、叩诊和检测体温等。

表 3-1   动物群体检查时异常临床表现

项目	静态检查	动态检查	食态检查
猪	精神委顿,离群趴卧或呆立,颤抖,呼吸急促或喘息,被毛粗乱无光,消瘦,有眼眵,鼻盘干燥,颈部肿胀。尾部和肛门粘有粪污	精神沉郁或兴奋,不愿起立,站立不稳,行动迟缓,步态踉跄,弓背夹尾,肷窝下陷,跛行掉队,咳喘,叫声嘶哑。粪便干硬或下痢,尿黄而少	不上槽,或吃少量即退槽,或嗅闻而不吃,或吃稀不吃稠,喂后肷窝仍下陷
禽	精神委顿,缩颈垂翅,闭目似睡,反应迟钝,呼吸急迫或呼吸困难或间歇张口。冠髯发绀或苍白,羽毛蓬松,嗉囊虚软膨大,泄殖孔周围羽毛污秽。有时翅肢麻痹,或腿呈劈叉	精神委顿,行动迟缓,跛行,摇晃或麻痹,常落后于群体	食欲不振,啄食异常,嗉囊空虚,充满气体或液体。叫声异常或无力,反应迟钝或挣扎无力
牛	精神沉郁或兴奋,两眼无神,常横卧不起。眼有黏脓性分泌物,鼻镜干燥、龟裂、流涎,皮肤局部肿胀。反刍少,没有嗳气。粪便或稀或干,混有血液、黏液,血尿。肛周和臀部粘有粪便	起立困难,站立不稳,头颈低伸,屈背弓腰,恶寒战栗,或曲背弓腰,四肢无力,耳尾不动,走路摇晃,跛行或离群掉队。呼吸增数、困难,呻吟,咳嗽	厌食或不食,见草料不吃,采食缓慢,咀嚼无力,采食时间短。不到大群中饮水,运动后饮水咳嗽
羊	精神委顿或兴奋,独卧一隅,未见反刍,鼻镜干燥,呼吸促迫,咳嗽,磨牙,天然孔周围粘有污秽。被毛脱落,有痘疹、痂皮等	精神沉郁或兴奋不安,步态不稳,行走摇摆、跛行,前肢跪地或后肢麻痹,离群掉队	无食欲。放牧吃草时落在后面,少吃或不食呆立。不喝水,食后肷部仍下凹

 (1)视诊。检查者应先站在离动物适当距离处,观察全貌,然后由前往后、从左到右、边走边看,观察动物的头、颈、胸、腹、脊柱、四肢。当至正后方时,应注意尾、肛门及会阴部,并对照观察两侧胸、腹部是否有异常。最后再接近动物,进行细致检查。动物个体视诊检查时的临床表现见表 3-2。

表 3-2   动物个体视诊检查时的临床表现

检查项目	正常	病态
精神状态	两眼有神,反应敏捷,动作灵活,行为正常	惊恐不安,狂躁不驯,甚至攻击人畜。或沉郁,呆立不动,反应迟钝,昏睡、昏迷,倒地躺卧,意识丧失
营养状态	肌肉丰满,皮下脂肪丰富,轮廓丰圆,骨骼棱角不显露,被毛有光泽,皮肤富有弹性	消瘦,骨骼棱角显露,被毛粗乱无光泽,皮肤缺乏弹性
姿态行为	姿势自然,动作协调而灵活,步态稳健	"木马状"、腿"劈叉"、强迫性躺卧、站立不稳、头颈扭转、盲目转圈、跛行
被毛皮肤	被毛柔顺而有光泽、不易脱落,皮肤颜色正常,无肿胀、溃烂、出血等。禽冠、髯红润	被毛粗乱无光泽,脆而易断、易脱毛;皮肤增厚、变硬、擦伤和啃咬伤;皮肤有出血斑点,大片红斑,苍白、蓝紫或黑紫
呼吸反刍	胸腹式呼吸,呼吸频率正常;反刍正常	胸式呼吸或腹式呼吸、呼吸增多或减少,呼吸困难。反刍减少或停止
可视黏膜	主要检查眼结膜。正常牛的黏膜呈淡粉红色(水牛较深);猪、羊的黏膜粉红色	苍白、潮红、弥漫性潮红、枝状充血、发绀、黄染、出血。口腔黏膜有水疱或烂斑,鼻盘干燥或有干裂的特征病变
排泄姿势及排泄物	排泄姿势无异常。排泄物性状、颜色、气味无异常	排粪尿带痛,努责,里急后重,失禁等;粪便干硬,腹泻,颜色气味异常,如排白色糊状稀粪,红色黏性稀便

(2)触诊。利用手触摸感知畜体各部的性状。触诊耳根、角根、鼻端、四肢末端,初步确定体温变化情况。触摸胸廓、腹部弹性,注意是否敏感,皮肤有无水肿、脱水现象。触诊体表淋巴结,检查其大小、形状、硬度、活动性、敏感性等,必要时可穿刺检查。触诊禽嗉囊,注意有无积食、气体及液体,如鸡新城疫时,倒提鸡腿可从口腔流出大量酸性气味的液体食糜。

(3)听诊。利用听觉器官或借助听诊器检查动物各器官发出的声音(图 3-2)。肺部听诊时,肺泡呼吸音增强见于发热性疾病和支气管肺炎,肺泡呼吸音减弱或消失见于慢性肺泡气肿或支气管阻塞;当支气管黏膜有黏稠分泌物、发炎肿胀或支气管痉挛时,可听到干啰音;当支气管中有大量稀薄的液状分泌物时,可听到湿啰音,见于支气管炎、各型肺炎、肺结核等。心音听诊时,心内杂音见于链球菌病、猪丹毒、犬恶丝虫病。

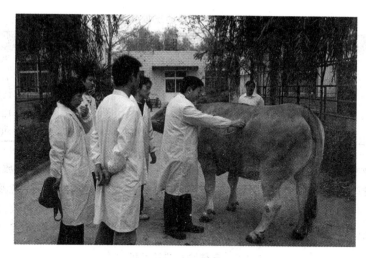

图 3-2 牛病听诊

（4）检查体温、脉搏、呼吸数。

①体温测定。家畜均以检测直肠温度为标准，而家禽常测翼下温度。测温时应将体温计的水银柱降至35℃以下，用酒精棉球擦拭消毒并涂以润滑剂后再行使用，以左手提起其尾根部并稍推向对侧，右手持体温计经肛门徐徐捻转插入直肠中，再将附有的夹子夹于尾毛上，经3～5 min后取出，擦去体温计上的粪便，读数记录。各种动物正常体温见表3-3。

表 3-3 **各种动物的正常体温**

℃

动物种类	体温	动物种类	体温	动物种类	体温
马	37.5～38.5	猪	38.0～39.5	银狐	38.7～40.7
骡	38.0～39.0	骆驼	36.5～38.5	貉	38.1～40.2
驴	37.0～38.0	鹿	38.0～39.0	鸡	40.0～42.0
牛	37.5～39.5	犬	37.5～39.0	兔	38.5～39.5
羊	38.0～39.5	猫	38.0～39.5	水貂	39.5～40.5

②脉搏测定。在动物充分休息后测定。脉搏数以次/min表示。牛通常检查尾动脉，检查者站在牛的正后方，左手抬起牛尾，右手拇指放于尾根部的背面，用食指、中指在距尾根10 cm左右处尾的腹面检查。猪、羊、犬和猫可在后肢股内侧的股动脉处检查。检测不到脉搏时，可用心率代替。各种动物正常脉搏数见表3-4。

表 3-4　各种动物的正常脉搏数

动物种类	脉搏数	动物种类	脉搏数	动物种类	脉搏数
马	26～42	猪	60～80	银狐	80～140
骡	26～42	骆驼	30～60	貉	70～140
驴	42～54	鹿	36～78	鸡	120～200
牛	40～80	犬	70～120	兔	120～140
羊	60～80	猫	110～130	水貂	90～180

③呼吸数测定。宜在安静状态下测定。测定动物每分钟的呼吸次数,以次/min表示。一般可根据胸腹部的起伏动作而测定,检查者立于动物侧方,注意观察其腹肋部的起伏,一起一伏为一次呼吸。在寒冷季节也可观察呼出气流来测数。鸡的呼吸数可观察肛门下部的羽毛起伏动作来测定。各种动物的正常呼吸数见表 3-5。

表 3-5　各种动物的正常呼吸数

次/min

动物种类	呼吸数	动物种类	呼吸数	动物种类	呼吸数
马	8～16	猪	10～30	银狐	14～30
骡	8～16	骆驼	6～15	貉	23～43
驴	8～16	鹿	15～25	鸡	15～30
牛	10～25	犬	10～30	兔	50～60
羊	12～30	猫	10～30	水貂	40～70

3.检查内容

个体检查时,根据产地检疫规程规定的检疫对象进行临诊检查。具体内容见表 3-6 至表 3-8。

表 3-6　猪疫病检查

动物类别	临诊表现	怀疑感染的疫病
猪	发热、精神不振、食欲减退、流涎;蹄冠、蹄叉、蹄踵部出现水疱,水疱破裂后表面出血,形成暗红色烂斑,感染造成化脓、坏死、蹄壳脱落,卧地不起;鼻盘、口腔黏膜、舌、乳房出现水疱和糜烂	口蹄疫 水疱病
猪	高热、倦怠、食欲不振、精神委顿、弓腰、腿软、行动缓慢;间有呕吐,便秘腹泻交替;可视黏膜充血、出血或有不正常分泌物、发绀;鼻、唇、耳、下颌、四肢、腹下、外阴等多处皮肤点状出血,指压不褪色	猪瘟

续表 3-6

动物类别	临诊表现	怀疑感染的疫病
猪	高热;眼结膜炎、眼睑水肿;咳嗽、气喘、呼吸困难;耳朵、四肢末梢和腹部皮肤发绀;偶见后躯无力、不能站立或共济失调	高致病性猪蓝耳病
猪	高热稽留;呕吐;结膜充血,粪便干硬呈粟状,附有黏液,下痢;皮肤有红斑(大红袍、小红袍)、疹块,指压褪色	猪丹毒
猪	高热、呼吸困难,继而哮喘,口鼻流出泡沫或清液;颈下咽喉部急性肿大、变红、高热、坚硬;腹侧、耳根、四肢内侧皮肤出现红斑,指压褪色	猪肺疫
猪	咽喉、颈、肩胛、胸、腹、乳房及阴囊等局部皮肤出现红肿热痛,坚硬肿块,继而肿块变冷,无痛感,最后中央坏死形成溃疡;颈部、前胸出现急性红肿,呼吸困难、咽喉变窄,窒息死亡	猪炭疽

表 3-7　禽疫病检查

动物类别	临诊表现	怀疑感染的疫病
禽	突然死亡、死亡率高;病禽极度沉郁,头部和眼睑部水肿,鸡冠发绀、脚鳞出血和神经紊乱;鸭鹅等水禽出现明显神经症状、腹泻,角膜炎、甚至失明	高致病性禽流感
鸡	体温升高、食欲减退、神经症状;缩颈闭眼、冠髯暗紫、呼吸困难;口腔和鼻腔分泌物增多,嗉囊肿胀;下痢;产蛋减少或停止;少数禽突然发病,无任何症状而死亡	新城疫
鸡	呼吸困难、咳嗽;停止产蛋或产薄壳蛋、畸形蛋、褪色蛋	传染性支气管炎
鸡	呼吸困难、伸颈呼吸,发出咯咯声或咳嗽声;咳出血凝块	传染性喉气管炎
鸡	下痢,排浅白色或淡绿色稀粪,肛门周围的羽毛被粪污染或沾污泥土;饮水减少、食欲减退;消瘦、畏寒;步态不稳、精神委顿、头下垂、眼睑闭合;羽毛无光泽	传染性法氏囊病
鸡	食欲减退、消瘦、腹泻、体重迅速减轻,死亡率较高;运动失调、劈叉姿势;虹膜褪色、单侧或双眼灰白色浑浊所致的白眼病或瞎眼;颈、背、翅、腿和尾部形成大小不一的结节及瘤状物	马立克氏病
鸡	食欲减退或废绝、畏寒,尖叫;排乳白色稀薄黏腻粪便,肛门周围污秽;闭眼呆立、呼吸困难;偶见共济失调、运动失衡,肢体麻痹等神经症状	鸡白痢

续表 3-7

动物类别	临诊表现	怀疑感染的疫病
鸭	体温升高;食欲减退或废绝、翅下垂、脚无力,共济失调、不能站立;眼流浆性或脓性分泌物,眼睑肿胀或头颈浮肿;绿色下痢,衰竭虚脱	鸭瘟
鹅	突然死亡;精神委靡、倒地两脚划动,迅速死亡;厌食、嗉囊松软,内有大量液体和气体;排灰白或淡黄绿色混有气泡的稀粪;呼吸困难,鼻端流出浆性分泌物,喙端色泽变暗	小鹅瘟
禽	冠、肉髯和其他无羽毛部位发生大小不等的疣状块,皮肤增生性病变;口腔、食道、喉或气管黏膜出现白色节结或黄色白喉膜病变	禽痘
鸡	精神沉郁、羽毛松乱、不喜活动、食欲减退、逐渐消瘦;泄殖腔周围羽毛被稀粪沾污;运动失调、足和翅发生轻瘫;嗉囊内充满液体,可视黏膜苍白;排水样稀粪、棕红色粪便、血便、间歇性下痢;群体均匀度差,产蛋下降	鸡球虫病

表 3-8　　反刍动物疫病检查

动物类别	临诊表现	怀疑感染的疫病
反刍动物	高热、呼吸增速、心跳加快;食欲废绝,偶见瘤胃膨胀,可视黏膜发绀,突然倒毙;天然孔出血、血凝不良呈煤焦油样、尸僵不全;体表、直肠、口腔黏膜等处发生炭疽痈	炭疽
反刍动物	孕畜出现流产、死胎或产弱胎,生殖道炎症、胎衣滞留,持续排出污灰色或棕红色恶露以及乳房炎症状;公畜发生睾丸炎或关节炎、滑膜囊炎,偶见阴茎红肿,睾丸和附睾肿大	布鲁氏菌病
反刍动物	出现渐进性消瘦,咳嗽,个别可见顽固性腹泻,粪中混有见黏液状脓汁;奶牛偶乳房淋巴结肿大	结核病
牛	高热稽留、呼吸困难、鼻翼扩张、咳嗽;可视黏膜发绀,胸前和肉垂水肿;腹泻和便秘交替发生,厌食、消瘦、流涕或口流白沫	牛传染性胸膜肺炎
羊	突然发热、呼吸困难或咳嗽。分泌黏脓性卡他性鼻液,口腔内膜充血、糜烂,齿龈出血,严重腹泻或下痢,母羊流产	小反刍兽疫
羊	体温升高、呼吸加快;皮肤、黏膜上出现痘疹,由红斑到丘疹,突出皮肤表面,遇化脓菌感染则形成脓疱继而破溃结痂	绵羊痘或山羊痘

（四）实验室检测

（1）对怀疑患有规定疫病及临床检查发现其他异常情况的，应按相应疫病防治技术规范进行实验室检测。

（2）实验室检测须由省级动物卫生监督机构指定的具有资质的实验室承担，并出具检测报告。

五、检疫结果处理

（一）经检疫合格的

（1）生猪、反刍动物、禽只等动物在启运前，动物卫生监督机构须监督畜主或承运人对运载工具进行有效消毒，出具《动物及动物产品运载工具消毒证明》。

（2）官方兽医通过检疫后，确认动物符合产地检疫合格标准的，应当按规定当场出具《动物产地检疫合格证明》或《出县境动物检疫合格证明》。检疫证明存根由所在县级动物防疫监督机构保存，并做好登记建档工作。官方兽医必须在检疫证明、检疫标志上签字或者盖章，并对检疫结论负责。

（二）经检疫不合格的，出具《检疫处理通知单》，并按照有关规定处理

（1）临床检查发现为疑似检疫对象的，扩大抽检数量并进行实验室检测。

（2）发现患有规定检疫对象以外动物疫病，影响动物健康的，应按规定采取相应的防疫措施。

（3）发现不明原因死亡或怀疑为重大动物疫情的，应按照《动物防疫法》、《重大动物疫情应急条例》和《动物疫情报告管理办法》的有关规定处理。

（4）病死动物、病死禽只应在动物卫生监督机构监督下，由畜主按照《病害动物和病害动物产品生物安全处理规程》（GB 16548—2006）的规定处理。

六、检疫记录

（一）检疫申报单

动物卫生监督机构指导畜主填写检疫申报单。

（二）产地检疫工作记录

官方兽医须填写检疫工作记录，详细登记畜主姓名、地址、检疫申报时间、检疫时间、检疫地点、检疫动物种类、数量及用途、检疫处理、检疫证明编号等，并由畜主签名。检疫申报单和检疫工作记录应保存12个月以上。

任务二　乳用、种用动物产地检疫

【学习目标】

了解《跨省调运乳用种用动物产地检疫规程》、《跨省调运种禽产地检疫规程》的相关内容。

【操作与实施】

2010年7月27日,农业部颁布实施了《跨省调运乳用种用动物产地检疫规程》、《跨省调运种禽产地检疫规程》。规定了跨省调运乳用种用动物、种禽产地检疫的项目有:申报受理、查验资料及畜禽标识、临床检查、实验室检测、检疫结果处理、检疫记录等。

一、检疫范围

中华人民共和国境内跨省调运种猪、种牛、奶牛、种羊、奶山羊及其精液和胚胎的产地检疫;跨省调运种鸡、种鸭、种鹅及种蛋的产地检疫;省内调运的乳用种用动物的产地检疫可参照执行。

二、检疫合格标准

(1)符合农业部《生猪产地检疫规程》、《家禽产地检疫规程》、《反刍动物产地检疫规程》要求。

(2)符合农业部规定的种用、乳用动物健康标准。

(3)提供规定检测动物疫病的实验室检测报告,检测结果合格。

(4)精液和胚胎采集、销售、移植记录完整;种蛋的收集、消毒记录完整,其供体动物符合规定的标准;种用雏禽临床检查健康,孵化记录完整。

三、检疫程序

(一)申报受理

(1)省内出售、运输乳用动物、种用动物及其精液、卵、胚胎、种蛋,应当提前15 d申报检疫。

(2)跨省、自治区、直辖市调运乳用动物、种用动物及其精液、胚胎、种蛋的,应当提前15 d申报检疫,同时提交输入地省、自治区、直辖市动物卫生监督机构批准的《跨省调运乳用种用动物检疫审批表》。

(3)动物卫生监督机构接到检疫申报后,确认《跨省调运乳用种用动物检疫审批表》有效,并根据当地相关动物疫情情况,决定是否予以受理。受理的,应当及时派官方兽医到场实施检疫;不予受理的,应说明理由。

(二)查验资料及畜禽标识

(1)查验饲养场的《种畜禽生产经营许可证》和《动物防疫条件合格证》。

(2)按动物产地检疫要求,查验受检动物的养殖档案、畜禽标识(禽除外)及相关信息。

(3)调运精液和胚胎的,还应查验其采集、存贮、销售等记录,确认对应供体及其健康状况。

(4)调运种蛋的,还应查验其采集、消毒等记录,确认对应供体及其健康状况。

(三)临床检查

除按产地检疫规程要求开展临床检查外,还需检查规定的乳用、种用动物疫病(表3-9)。

表 3-9　乳用、种用动物其他疫病的检查

动物类别	临诊表现	怀疑感染的疫病
猪	母猪,尤其是初产母猪产仔数少,流产,产死胎、木乃伊胎及发育不正常胎	猪细小病毒病
猪	母猪返情、空怀,妊娠母猪流产,产死胎、木乃伊胎等,公猪睾丸肿胀、萎缩	伪狂犬病
猪	动物销售、生长发育迟缓、慢性干咳、呼吸短促、腹式呼吸、犬坐姿势、连续性痉挛性咳嗽、口鼻处有泡沫	支原体性肺炎
猪	鼻塞、出鼻血、饲槽沿染有血液、两侧内眼角下方颊部形成"泪斑"、鼻部和颜面变形、鼻端向一侧弯曲或鼻部向一侧歪斜、鼻背部横皱褶逐渐增加、眼上缘水平上的鼻梁变平变宽、生长欠佳	传染性萎缩性鼻炎
鸡	跛行、站立姿势改变、跗关节上方腱囊双侧肿大、难以屈曲	病毒性关节炎
禽	消瘦、头部苍白、腹部增大、产蛋下降	白血病
禽	精神沉郁、反应迟钝、站立不稳、双腿缩于腹下或向外叉开、头颈震颤、共济失调或完全瘫痪	脑脊髓炎
禽	生长受阻、瘦弱、羽毛发育不良	网状内皮组织增殖症

续表 3-9

动物类别	临诊表现	怀疑感染的疫病
牛	体表淋巴结肿大,贫血,可视黏膜苍白,精神衰弱,食欲不振,体重减轻,呼吸急促,后躯麻痹乃至跛行瘫痪,周期性便秘及腹泻	白血病
奶牛	体温升高、食欲减退、反刍减少、脉搏增速、脱水、全身衰弱、沉郁;突然发病、乳房发红、肿胀、变硬、疼痛,乳汁显著减少和异常;乳汁中有絮片、凝块,并呈水样,出现全身症状;乳房有轻微发热、肿胀和疼痛;乳腺组织纤维化,乳房萎缩、出现硬结等	乳房炎

(四)实验室检测

(1)实验室检测须由省级动物卫生监督机构指定的具有资质的实验室承担,并出具检测报告。

(2)实验室检测疫病种类。

①种猪:口蹄疫、猪瘟、高致病性猪蓝耳病、猪圆环病毒病、布鲁氏菌病。

②种牛:口蹄疫、布鲁氏菌病、牛结核病、副结核病、牛传染性鼻气管炎、牛病毒性腹泻/黏膜病。

③种羊:口蹄疫、布鲁氏菌病、蓝舌病、山羊关节炎脑炎。

④奶牛:口蹄疫、布鲁氏菌病、牛结核病、牛传染性鼻气管炎、牛病毒性腹泻/黏膜病。

⑤奶山羊:口蹄疫、布鲁氏菌病。

⑥精液和胚胎:检测其供体动物相关动物疫病。

⑦种鸡:高致病性禽流感、新城疫、禽白血病、禽网状内皮组织增殖症。

⑧种鸭:高致病性禽流感、鸭瘟。

⑨种鹅:高致病性禽流感、小鹅瘟。

四、检疫结果处理

(1)参照生猪、反刍动物、禽的产地检疫要求做好检疫结果处理。

(2)无有效的《种畜禽生产经营许可证》和《动物防疫条件合格证》的,检疫程序终止。

(3)无有效的实验室检测报告的,检疫程序终止。

五、检疫记录

参照动物产地检疫要求做好检疫记录。

项目二 屠宰检疫

任务一 生猪屠宰检疫

【学习目标】

了解《生猪屠宰检疫规程》相关内容。

【操作与实施】

国家对生猪等动物实行定点屠宰、集中检疫(图 3-3)。具体屠宰厂(场、点)由市、县人民政府组织有关部门研究确定。县级动物卫生监督机构依法向屠宰场(厂、点)派驻(出)官方兽医实施检疫,官方兽医和协检员根据动物屠宰检疫规程等有关法律法规,对屠宰动物规定的检疫对象进行检疫。

一、宰前检查

(一)临床检查

屠宰前 2 h 内,官方兽医应按照《生猪产地检疫规程》中的临床检查方法实施检查。

1. 群体检查

按生猪不同产地、入场批次,分批分圈进行检查。

(1)静态观察。检疫人员深入圈舍,在不惊扰生猪群的情况下,仔细观察精神状态、外貌、呼吸状态、睡卧姿势,注意有无咳嗽、流涎、气喘、呻吟、昏睡、嗜眠、独立一隅等病态。

(2)动态观察。将生猪哄起,观察有无行走困难、离群掉队、屈背弓腰、步态蹒跚、喘息咳嗽及行动反常等情况。

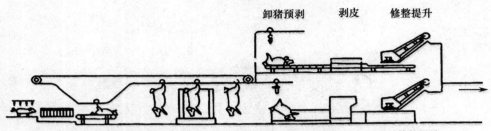

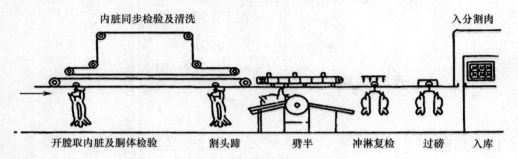

图 3-3　**生猪屠宰加工工艺流程图**

（3）食态观察。观察采食和饮水状态。注意有无少食、贪饮、假食、废食或吞咽困难。同时注意观察排便姿势，以及粪尿色泽、形态、气味等是否正常。

凡经上述检查呈现异常的生猪，标上记号，出具《隔离观察通知书》，予以隔离，留待进一步检查。

2. **个体检查**

经群体检查隔离的病畜，应逐头通过视诊、听诊、触诊方法，进行详细的个体检查。

（1）视诊。观察病畜的精神、行为、姿态，被毛有无光泽，有无脱毛，观察皮肤、蹄、趾部、趾间有无肿胀、丘疹、水疱、脓疱及溃疡等病变。检查可视黏膜是否苍白、潮红、黄染，注意有无分泌物，并仔细检查排泄物的状态。

（2）听诊。直接听取病畜的叫声、咳嗽声，借助听诊器听诊心音、肺呼吸音和胃肠蠕动音。

（3）触诊。用手触摸检查屠畜的脉搏、耳、角和皮肤的温度，触摸浅表淋巴结的大小、硬度、形状和有无肿胀，胸部和腹部有无压痛点，皮肤有无肿胀、疹块、结节等。

检测体温，对可疑患有屠畜检疫对象的，或有其他临床表现的，必要时进行实验室检查。

3.检查内容

除了按生猪产地检疫规程检查的疫病以外,还需要对其他生猪疫病进行检查 (表 3-10)。

表 3-10　**其他生猪疫病检疫**

动物类别	临诊表现	怀疑感染的疫病
猪	高热,耳、颈、腹下、四肢内侧出现紫斑。一肢或多肢关节发炎,关节周围肌肉肿胀,跛行,有痛感。听诊心脏可有杂音。磨牙、空嚼或嗜睡。站立困难,共济失调、四肢划水样或后肢麻痹,昏迷而死	猪Ⅱ型链球菌病
猪	站立一隅或伏卧,背弓起,颈伸直,头下垂至地,呈连续痉挛性咳嗽。呼吸次数剧增,呈明显腹式呼吸,严重者张口伸舌喘气。体温一般正常	猪支原体肺炎
猪	病猪发热,呼吸困难,耳缘、下腹和四肢末端发绀。四肢腕、趾关节肿胀发炎,疼痛,跛行,共济失调,临死前侧卧或四肢划水样	副猪嗜血杆菌病
猪	体温升高,呼吸困难,眼结膜发炎,有脓性分泌物。耳根、胸前和腹下皮肤有紫斑,瘀血或出血,并有黄疸。腹痛,下痢,初便秘后腹泻,排灰白色或黄绿色恶臭粪便。病猪消瘦,皮肤有痂状湿疹	猪副伤寒
猪	临诊表现不明显,心脏听诊可能有摩擦音	猪浆膜丝虫病
猪	猪体感染虫体较少,则无明显症状。只有在猪体抵抗力低下,感染大量虫体时,出现消瘦、贫血、衰竭、前肢僵硬、声音嘶哑、咳嗽、呼吸困难及发育不良	猪囊尾蚴病
猪	自然感染时,多不出现症状,仅在宰后检疫发现	旋毛虫病

(二)结果处理

(1)合格的,出具《准宰通知书》,准予屠宰。

(2)不合格的,按以下要求处理。

①发现有口蹄疫、猪瘟、高致病性猪蓝耳病、炭疽等疫病症状的,限制移动,并

按照《中华人民共和国动物防疫法》、《重大动物疫情应急条例》、《动物疫情报告管理办法》和《病害动物和病害动物产品生物安全处理规程》等有关规定处理。

②发现有猪丹毒、猪肺疫、猪Ⅱ型链球菌病、猪支原体肺炎、副猪嗜血杆菌病、猪副伤寒等疫病症状的，患病猪按国家有关规定处理，同群猪隔离观察，出具《隔离观察通知书》，确认无异常的，准予屠宰；隔离期间出现异常的，按《病害动物和病害动物产品生物安全处理规程》等有关规定处理。

③怀疑患有规定疫病及临床检查发现其他异常情况的，按相应疫病防治技术规范进行实验室检测，并出具检测报告。实验室检测须由省级动物卫生监督机构指定的具有资质的实验室承担。

④发现患有规定以外疫病的，隔离观察，确认无异常的，准予屠宰；隔离期间出现异常的，按《病害动物和病害动物产品生物安全处理规程》等有关规定处理。

⑤确认为无碍于肉食安全且濒临死亡的生猪，视情况进行急宰，并出具《急宰通知书》。

（3）监督场（厂、点）方对处理患病生猪的待宰圈、急宰间以及隔离圈等进行消毒，并指导做好消毒记录。

二、同步检疫

(一)检疫方法

以感官检查为主，必要时进行实验室检验。

1. 视检

通过观察胴体的皮肤、肌肉、胸腹膜、脂肪、骨骼、关节、天然孔和内脏器官的色泽形状、组织性状等有无异常，判断有无检疫对象和病变性质，或为剖检提供方向。

2. 触检

利用手触摸受检组织和器官，感觉其弹性、硬度以及深部有无隐蔽性或潜在性的变化，从而做出判断。

3. 剖检

借助检疫刀具等将屠体剖开，观察胴体和内脏器官的深层组织的变化，从而做出判断。适用于对淋巴结、肌肉、脂肪和内脏器官的检查。

4. 嗅检

通过嗅闻胴体和组织器官有无特殊气味，从而判断肉品的品质和食用价值，为确定实验室检验提供指导。

当感官检查不能对疫病性质做出判断时，必须进行实验室检验。

（二）检疫要求

（1）必须遵守生猪屠宰检疫规程,迅速、准确地做好同步检疫工作。

（2）每位检疫人员应配备两套检疫工具以便替换、消毒。

（3）在规定部位切开,且切口大小深浅适度,以免破坏肉品的整洁性。

（4）肌肉的切开应顺肌纤维方向进行,一般不得横断。

（5）检查淋巴结时,尽可能从切割面寻找,沿淋巴结长轴切开。

（6）切开病变组织时,要防止污染肉品、环境和检疫人员的手。

（三）检疫程序

与屠宰操作相对应,对同一头猪的头、蹄、内脏、胴体等统一编号进行检疫。

1.头蹄及体表检查

（1）视检体表的完整性、颜色,检查有无猪瘟、高致病性猪蓝耳病、猪丹毒、猪肺疫、猪副伤寒、猪Ⅱ型链球菌病、副猪嗜血杆菌病等疫病引起的皮肤病变、关节肿大等。

（2）观察吻突、齿龈和蹄部有无水疱、溃疡、烂斑等,检查有无猪口蹄疫、水疱病。

（3）放血后褪毛前,沿放血孔纵向切开下颌区,直到颌骨高峰区,剖开两侧下颌淋巴结,视检有无肿大、坏死灶(紫、黑、灰、黄),切面是否呈砖红色,周围有无水肿、胶样浸润等,检查有无咽炭疽(图 3-4)。

（4）剖检两侧咬肌,充分暴露剖面,检查有无猪囊尾蚴(图 3-5)。

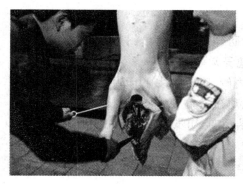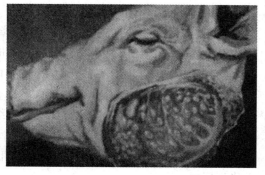

图 3-4　猪头颈部剖检　　　　图 3-5　猪咬肌中的囊尾蚴

2.内脏检查

取出内脏前,观察胸腔、腹腔有无积液、粘连、纤维素性渗出物。检查脾脏、肠系膜淋巴结有无肠炭疽。取出内脏后,检查心脏、肺脏、肝脏、脾脏、胃肠、支气管淋巴结、肝门淋巴结等。

(1)心脏。视检心包,切开心包膜,检查有无变性、心包积液、渗出、瘀血、出血、坏死等症状。在与左纵沟平行的心脏后缘房室分界处纵剖心脏,检查心内膜、心肌、血液凝固状态、二尖瓣及有无虎斑心、菜花样赘生物、寄生虫等。

(2)肺脏。视检肺脏形状、大小、色泽,触检弹性,检查肺实质有无坏死、萎陷、气肿、水肿、瘀血、脓肿、实变、结节、纤维素性渗出物等。剖开一侧支气管淋巴结,检查有无出血、瘀血、肿胀、坏死等。必要时剖检气管、支气管,检查有无肺呛水、肺丝虫、猪肺疫、支原体肺炎、传染性胸膜肺炎。

(3)肝脏。视检肝脏形状、大小、色泽,触检弹性,观察有无瘀血、肿胀、变性、黄染、坏死、硬化、肿物、结节、纤维素性渗出物、寄生虫等病变。剖开肝门淋巴结,检查有无出血、瘀血、肿胀、坏死等。必要时剖检胆管。

(4)脾脏。视检脾形状、大小、色泽,触检弹性,检查有无肿胀、瘀血、坏死灶、边缘出血性梗死、被膜隆起及粘连等。必要时剖检脾实质,检查猪瘟、炭疽、猪丹毒等疫病。

(5)胃和肠。视检胃肠浆膜,观察大小、色泽、质地,检查有无瘀血、出血、坏死、胶冻样渗出物和粘连。对肠系膜淋巴结做长度不少于 20 cm 的弧形切口,检查有无瘀血、出血、坏死、溃疡等病变。必要时剖检胃肠,检查黏膜有无瘀血、出血、水肿、坏死、溃疡。检查有无肠炭疽、猪瘟、猪丹毒、猪肺疫、猪Ⅱ型链球菌病、猪副伤寒等疫病。

3. 胴体检疫

(1)整体检查。检查皮肤、皮下组织、脂肪、肌肉、淋巴结、骨骼以及胸腔、腹腔浆膜有无瘀血、出血、疹块、黄染、脓肿和其他异常等。

(2)淋巴结。剖开腹部底壁皮下、后肢内侧、腹股沟皮下环附近的两侧腹股沟浅淋巴结,检查有无瘀血、水肿、出血、坏死、增生等病变。必要时剖检腹股沟深淋巴结、髂下淋巴结及髂内淋巴结,观察淋巴结病变,初步判定有无疽、猪瘟、猪丹毒、猪肺疫、弓形虫病等疫病。

(3)腰肌。沿荐椎与腰椎结合部两侧肌纤维方向切开 10 cm 左右切口,检查有无猪囊尾蚴。

(4)肾脏。剥离两侧肾被膜,视检肾脏形状、大小、色泽,触检质地,观察有无贫血、出血、瘀血、肿胀等病变。必要时纵向剖检肾脏,检查切面皮质部有无颜色变化、出血及隆起等。初步判定有无猪瘟、猪丹毒、猪副伤寒、钩端螺旋体病等疫病。

4.旋毛虫检疫

取左右膈脚各 30 g 左右，与胴体编号一致，先撕去肌膜作肉眼检查，然后在样品上，剪取 24 个肉粒，压片后分别进行镜检，如发现有旋毛虫，根据编号查对相应的胴体、头部和内脏(图 3-6、图 3-7)。

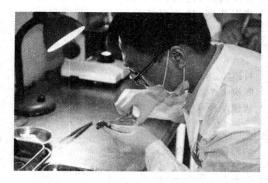

图 3-6　肉眼检测旋毛虫　　　　图 3-7　低倍镜下的旋毛虫虫体

5.复检

官方兽医对上述检疫情况进行复查，综合判定检疫结果。

6.结果处理

(1)合格的，由官方兽医出具《动物检疫合格证明》，加盖检疫验讫印章，对分割包装的肉品加施检疫标志。

(2)不合格的，发现患有规定疫病或以外疫病的，由官方兽医出具《检疫处理通知单》，监督场(厂、点)方对病猪胴体及副产品按《病害动物和病害动物产品生物安全处理规程》处理，对污染的场所、器具等按规定实施消毒，并做好《生物安全处理记录》。

(3)监督场(厂、点)方做好检疫病害动物及废弃物无害化处理。

7.官方兽医在同步检疫过程中应做好卫生安全防护

(四)检疫记录

(1)官方兽医应监督指导屠宰场(厂、点)方做好待宰、急宰、生物安全处理等环节各项记录。

(2)官方兽医做好入场监督查验、检疫申报、宰前检查、同步检疫等环节记录。

(3)检疫记录应保存 12 个月以上。

表 3-11　生猪同步检疫及处理

项目		同步检疫病变特征	怀疑疫病	不合格处理
体表头蹄检查	体表	脓性结膜炎,出血斑点 广泛红斑,疹块 头颈下红肿 发斑、关节肿大	口蹄疫、猪瘟、高致病性猪蓝耳病、猪丹毒、猪肺疫、猪副伤寒、猪Ⅱ型链球菌病、副猪嗜血杆菌病	上报疫情 隔离观察 采样送检 实验确诊 按 GB 16548 监督 无害化处理 风险追溯 控制扑灭
	头蹄	水疱、溃疡、烂斑。下颌淋巴结肿大、坏死呈砖红色,周围水肿、胶样浸润 咬肌中有乳白色半透明米粒大小包囊	口蹄疫、水疱病 咽炭疽 猪囊尾蚴病	
内脏检查	胸腹腔	积液、粘连、纤维素性渗出物	猪肺疫、猪Ⅱ型链球菌病、副猪嗜血杆菌病等	刚剖开胸腹腔时发现胴体及内脏病变立即销毁 上报疫情 隔离观察 采样送检 实验确诊 按 GB 16548 监督无害化处理 (销毁、化制) 风险追溯 控制扑灭
	脾脏肠系膜淋巴结	脾脏极度肿大、出血 肠系膜淋巴结出血肿大,周边胶样浸润	肠炭疽、猪Ⅱ型链球菌痛等	
	心	变性、出血、溃疡、化脓、胶样水肿,二尖瓣有菜花样赘生物、米猪肉、虎斑心、"绒毛心",心包上有丝虫	口蹄疫、猪丹毒、猪Ⅱ型链球菌病、猪囊虫病、副猪嗜血杆菌病猪浆膜丝虫病	
	肺	肺实质坏死、萎陷、气肿、水肿、瘀血、脓肿、坏疽。肺有肝样变,纤维素性胸膜肺炎。支气管淋巴结,出血、瘀血、肿胀、坏死	高致病性猪蓝耳病、猪肺疫、猪Ⅱ型链球菌病、猪支原体肺炎、副猪嗜血杆菌病、传染性胸膜肺炎、猪肺疫等	
	肝	肝脏有瘀血、肿胀、变性、黄染、坏死、硬化、结节、纤维素性渗出物。肝门淋巴结出血、瘀血、肿胀、坏死	猪弓形虫病、猪伪狂犬病等	
	脾	脾出血性梗死,肿大、瘀血、出血、坏死	猪瘟、猪丹毒、猪Ⅱ型链球菌病	
	胃肠	胃肠浆膜、黏膜有瘀血、水肿、出血、坏死、溃疡。肠系膜淋巴结瘀血、坏死、溃疡等病变	猪瘟、猪丹毒、猪副伤寒、猪Ⅱ型链球菌病、副猪嗜血杆菌病	

续表 3-11

项目		同步检疫病变特征	怀疑疫病	不合格处理
胴体检查	整体检查	皮肤、浆膜、黏膜为渗出性出血。充血、瘀血、水肿、疹块、黄染、脓肿,实质器官变性、坏死及炎症变化。肺、脾、肾的转移性脓肿	猪瘟、猪丹毒、猪肺疫、猪副伤寒、猪Ⅱ型链球菌病、副猪嗜血杆菌病等病原引起败血症,脓毒败血症	上报疫情 隔离观察 采样送检 实验确诊 按 GB 16548 监督无害化处理（销毁、化制） 风险追溯 控制扑灭
	淋巴结	瘀血、水肿、出血、化脓、坏死、增生	猪瘟、高致病性猪蓝耳病、猪丹毒、猪肺疫、弓形虫病、猪Ⅱ型链球菌病、副猪嗜血杆菌病等	
	腰肌	发现囊尾蚴包囊	猪囊尾蚴病	
	肾脏	贫血、出血、瘀血、肿胀、坏死等病变	猪瘟、高致病性猪蓝耳病、猪丹毒、猪肺疫、伪狂犬病、猪Ⅱ型链球菌病等	
旋毛虫检查	膈角	显微镜检查膈肌肉中发现卷曲的旋毛蚴虫	猪旋毛虫病	上报疫情 隔离观察 采样送检 实验确诊 按 GB 16548 监督无害化处理（销毁、化制） 风险追溯 控制扑灭

任务二　家禽屠宰检疫

【学习目标】

了解《家禽屠宰检疫规程》相关内容。

【操作与实施】

一、宰前检查

(一)临床检查

官方兽医应按照《家禽产地检疫规程》中"临床检查"部分实施检查。个体检查的对象包括群体检查时发现的异常禽只和随机抽取的禽只(每车抽 60～100 只)。

(二)结果处理

(1)合格的,出具《准宰通知书》,准予屠宰,回收《动物检疫合格证明》。

(2)不合格的,按以下规定处理:

①发现有高致病性禽流感、新城疫等疫病症状的,限制移动,并按照《动物防疫法》、《重大动物疫情应急条例》、《动物疫情报告管理办法》和《病害动物和病害动物产品生物安全处理规程》等有关规定处理。

②发现有鸭瘟、小鹅瘟、禽白血病、禽痘、马立克氏病、禽结核病等疫病症状的,患病家禽按国家有关规定处理。

③怀疑患有规定疫病及临床检查发现其他异常情况的,按相应疫病防治技术规范进行实验室检测,并出具检测报告。实验室检测须由省级动物卫生监督机构指定的具有资质的实验室承担。

④发现患有规定以外疫病的,隔离观察,确认无异常的,准予屠宰;隔离期间出现异常的,按《病害动物和病害动物产品生物安全处理规程》等有关规定处理。

(3)消毒,监督场(厂、点)方对患病家禽的处理场所等进行消毒。监督货主在卸载后对运输工具及相关物品等进行消毒。

二、同步检疫

(一)屠体检查

1.体表

检查色泽、气味、光洁度、完整性及有无水肿、痘疮、化脓、外伤、溃疡、坏死灶、肿物等。

2.冠和髯

检查有无出血、水肿、结痂、溃疡及形态有无异常等。

3.眼

检查眼睑有无出血、水肿、结痂,眼球是否下陷等。

4.爪

检查有无出血、瘀血、增生、肿物、溃疡及结痂等。

5.肛门

检查有无紧缩、瘀血、出血等。

(二)抽检

日屠宰量在1万只以上(含1万只)的,按照1%的比例抽样检查,日屠宰量在

1万只以下的抽检60只。抽检发现异常情况的,应适当扩大抽检比例和数量。

1. 皮下

检查有无出血点、炎性渗出物等。

2. 肌肉

检查颜色是否正常,有无出血、瘀血、结节等。

3. 鼻腔

检查有无瘀血、肿胀和异常分泌物等。

4. 口腔

检查有无瘀血、出血、溃疡及炎性渗出物等。

5. 喉头和气管

检查有无水肿、瘀血、出血、糜烂、溃疡和异常分泌物等。

6. 气囊

检查囊壁有无增厚浑浊、纤维素性渗出物、结节等。

7. 肺脏

检查有无颜色异常、结节等。

8. 肾脏

检查有无肿大、出血、苍白、尿酸盐沉积、结节等。

9. 腺胃和肌胃

检查浆膜面有无异常。剖开腺胃,检查腺胃黏膜和乳头有无肿大、瘀血、出血、坏死灶和溃疡等;切开肌胃,剥离角质膜,检查肌层内表面有无出血、溃疡等。

10. 肠道

检查浆膜有无异常。剖开肠道,检查小肠黏膜有无瘀血、出血等,检查盲肠黏膜有无枣核状坏死灶、溃疡等。

11. 肝脏和胆囊

检查肝脏形状、大小、色泽及有无出血、坏死灶、结节、肿物等。检查胆囊有无肿大等。

12. 脾脏

检查形状、大小、色泽,有无出血和坏死灶、灰白色或灰黄色结节等。

13. 心脏

检查心包和心外膜有无炎症变化等,心冠状沟脂肪、心外膜有无出血点、坏死灶、结节等。

14. 法氏囊(腔上囊)

检查有无肿大、出血、干酪样坏死等。

15.体腔

检查内部清洁程度和完整度,有无赘生物、寄生虫等。检查体腔内壁有无凝血块、粪便和胆汁污染和其他异常等。

(三)复检

官方兽医对上述检疫情况进行复查,综合判定检疫结果。

(四)结果处理

(1)合格的,由官方兽医出具《动物检疫合格证明》,加施检疫标志。

(2)不合格的,发现患有规定疫病或以外其他疫病的,由官方兽医出具《动物检疫处理通知单》,患病家禽屠体及副产品按《病害动物和病害动物产品生物安全处理规程》等有关规定处理,污染的场所、器具等按规定实施消毒,并做好《生物安全处理记录》。

(3)监督场(厂、点)方做好检疫病害动物及废弃物无害化处理。

(五)官方兽医在同步检疫过程中应做好卫生安全防护

三、检疫记录

(1)官方兽医应监督指导屠宰场方做好相关记录。

(2)官方兽医做好入场监督查验、检疫申报、宰前检查、同步检疫等环节记录。

(3)检疫记录应保存 12 个月以上。

表 3-12　禽同步检疫及处理

项目		同步检疫病变特征	怀疑疫病	检疫处理
屠体检查	体表	水肿、痘疮、化脓、外伤、溃疡、坏死灶、肿物等	禽白血病、鸭瘟、禽痘、马立克氏病	上报疫情 采样送检 实验确诊 按 GB 16548 监督无害化处理(销毁、化制) 风险追溯 控制扑灭
	冠髯	出血、水肿、结痂、溃疡等	高致病性禽流感、鸭瘟、禽痘	
	眼	出血、水肿、结痂、眼球下陷等	禽痘、马立克氏病	
	爪	出血、瘀血、增生、肿物、溃疡及结痂等	高致病性禽流感、禽痘、禽结核病	
	肛门	紧缩、瘀血、出血等	鸡球虫病	

续表 3-12

项目		同步检疫病变特征	怀疑疫病	检疫处理
抽检	皮下	出血点、炎性渗出物等	高致病性禽流感、鸭瘟	上报疫情 采样送检 实验确诊 按 GB 16548 监督无害化 处理(销毁、化制) 风险追溯 控制扑灭
	肌肉	颜色异常、出血、瘀血、结节等	马立克氏病	
	鼻腔	瘀血、肿胀和异常分泌物等	高致病性禽流感、禽痘	
	口腔	瘀血、出血、溃疡及炎性渗出物等	新城疫、鸭瘟、禽痘	
	喉头气管	水肿、瘀血、出血、糜烂、溃疡和异常分泌物等	高致病性禽流感、新城疫、禽痘	
	气囊	囊壁增厚、浑浊、纤维素性渗出物、结节等	高致病性禽流感、新城疫	
	肺脏	充血、水肿、渗出纤维素、结节	高致病性禽流感、新城疫	
	肾	肿大、出血、苍白、尿酸盐沉积、结节,肿瘤	禽白血病、马立克氏病	
	胃肠	充血、出血、肥厚、溃疡、纤维素栓子,肿瘤	高致病性禽流感、新城疫、鸭瘟、小鹅瘟、马立克氏病、鸡球虫病、禽结核病	
	肝胆	肿大脂变、坏死斑点、肝破裂,肿瘤	禽白血病、马立克氏病、禽结核病	
	脾脏	出血和坏死灶、灰白色或灰黄色结节	禽白血病、马立克氏病、禽结核病	
	心脏	充血、出血,积液,绒毛心	新城疫、鸭瘟、马立克氏病	
	法氏囊	法氏囊肿大、出血,内有胶冻样,肾肿大,尿酸盐沉积	禽白血病、鸭瘟、马立克氏病	
	体腔	腹膜粘连,灰黑色,有碎裂蛋黄,酸臭	高致病性禽流感、新城疫、禽结核病	

任务三　牛、羊屠宰检疫

【学习目标】

了解《牛屠宰检疫规程》、《羊屠宰检疫规程》的相关内容。

【操作与实施】

一、宰前检查

(一)临床检查

屠宰前 2 h 内,官方兽医除应按照《反刍动物产地检疫规程》实施临床检查外,还需要检查牛羊屠宰检疫规程规定的其他检疫对象(表 3-13)。

表 3-13　**牛羊其他疫病检疫**

动物类别	临诊表现	怀疑感染的疫病
牛	精神异常:烦躁不安,恐惧、狂躁具攻击性。少数病牛可见头部和肩部肌肉颤抖和抽搐 运动障碍:耳对称性活动困难;共济失调,步态不稳,乱踢乱蹬以致倒地 感觉障碍:对触摸、声音和光过分敏感。用手触摸、在黑暗中打开灯光、发出敲击金属器柱的声音,病牛会出现惊恐和颤抖反应	牛海绵状脑病
牛	呼吸道型:高热,流泪流涎及黏脓性鼻液。鼻黏膜高度充血,呈火红色。呼吸高度困难,咳嗽少。眼结膜水肿,灰黄色颗粒状坏死膜,角膜浑浊呈云雾状 生殖道型:母畜阴门、阴道黏膜充血,散在性灰黄色、粟粒的脓疱,可融合成伪膜。公畜龟头、包皮、阴茎充血,溃疡,阴茎弯曲,精囊腺变性、坏死	牛传染性鼻气管炎
牛	食欲减退,精神迟钝,发热,行动缓慢,呆立不动,后期腹泻,下痢,粪便夹杂有血液和黏稠团块,有腥臭味,排便时里急后重,严重贫血,消瘦,起卧困难	日本血吸虫病

续表 3-13

动物类别	临诊表现	怀疑感染的疫病
羊	瘙痒:常常在臀部、腹部、尾根部、头顶部和颈背侧,发生侧对称性的瘙痒。病羊频频摩擦,啃咬,蹬踢自身的发痒部位,大面积掉毛和皮肤损伤 运动失调:转弯僵硬,步态不稳或跌倒,最后衰竭,卧地不起。其他表现如微颤、癫痫和瞎眼	痒病
羊	严重感染时,精神沉郁,食欲减退或消失,体温升高,贫血,结膜与口黏膜苍白,消瘦,在颈下、胸部及腹下水肿。腹痛,腹泻,肝肿大有压痛	肝片吸虫病
羊	当肝、肺寄生囊蚴数量多且大时,实质受压迫面高度萎缩,能引起死亡。囊蚴数量少且小时,则呈现消化障碍,呼吸困难,腹水等症状,患畜逐渐消瘦,终因恶病质或窒息死亡	棘球蚴病

(二)结果处理

(1)合格的,出具《准宰通知书》,准予屠宰。

(2)不合格的,按以下规定处理:

①发现牛有口蹄疫、牛传染性胸膜肺炎、牛海绵状脑病及炭疽等疫病症状的;羊有口蹄疫、痒病、小反刍兽疫、绵羊痘和山羊痘、炭疽的,限制移动,并按照《动物防疫法》、《重大动物疫情应急条例》、《动物疫情报告管理办法》和《病害动物和病害动物产品生物安全处理规程》等有关规定处理。

②发现有牛羊布鲁氏菌病、牛结核病、牛传染性鼻气管炎等疫病症状的,病牛羊按相应疫病的防治技术规范处理,同群牛羊隔离观察,确认无异常的,准予屠宰。

③怀疑牛羊患有规定疫病及临床检查发现其他异常情况的,按相应疫病防治技术规范进行实验室检测,并出具检测报告。实验室检测须由省级动物卫生监督机构指定的具有资质的实验室承担。

④发现牛羊患有规定以外疫病的,出具《动物隔离观察通知书》,隔离观察,确认无异常的,准予屠宰;隔离期间出现异常的,按《病害动物和病害动物产品生物安全处理规程》等有关规定处理。

⑤确认为无碍于肉食安全且濒临死亡的牛羊,出具《急宰通知书》,进行急宰。

(3)监督场(厂、点)方对处理病牛、羊的待宰圈、急宰间以及隔离圈等进行消毒。

二、同步检疫

(一)头蹄部检查

1.头部

检查鼻唇镜、齿龈及舌面有无水疱、溃疡、烂斑等;剖检一侧咽后内侧淋巴结和两侧下颌淋巴结,同时检查咽喉黏膜和扁桃体,检查形状、色泽及有无肿胀、瘀血、出血、坏死灶等。

2.蹄部

检查蹄冠、蹄叉皮肤有无水疱、溃疡、烂斑、结痂等。

(二)内脏检查

取出牛羊内脏前,观察胸腔、腹腔有无积液、粘连、纤维素性渗出物。检查心脏、肺脏、肝脏、胃肠、脾脏、肾脏,剖检支气管淋巴结、肝门淋巴结、肠系膜淋巴结等,检查有无病变和其他异常。

1.心脏

检查心脏的形状、大小、色泽及有无瘀血、出血等。必要时剖开心包,检查心包膜、心包液和心肌有无异常。

2.肺脏

检查两侧肺叶实质、色泽、形状、大小及有无瘀血、出血、水肿、化脓、实变、粘连、包囊砂、寄生虫等。剖开一侧支气管淋巴结,检查切面有无瘀血、出血、水肿等。必要时剖开气管、结节部位。

3.肝脏

检查肝脏大小、色泽、弹性、硬度及有无大小不一的突起。剖开肝门淋巴结,切开胆管,检查有无寄生虫(肝片吸虫病)等。必要时剖开肝实质,检查有无肿大、出血、瘀血、坏死灶、硬化、萎缩、日本血吸虫等。

4.肾脏

剥离两侧肾被膜(两刀),检查弹性、硬度及有无贫血、出血、瘀血等。必要时剖检肾脏,检查皮质、髓质和肾盂有无出血、肿大等。

5.脾脏

检查弹性、颜色、大小等。必要时剖检脾实质。

6.胃和肠

检查浆膜面及肠系膜有无瘀血、出血、粘连等。剖开肠系膜淋巴结,检查有无肿胀、瘀血、出血、坏死等。必要时剖开胃肠,检查有无瘀血、出血、胶样浸润、糜烂、溃疡、化脓、结节、寄生虫等,检查瘤胃肉柱表面有无水疱、糜烂或溃疡等。

7.子宫和睾丸

检查母牛子宫浆膜有无出血、黏膜有无黄白色或干酪样结节。检查公牛睾丸有无肿大,睾丸、附睾有无化脓、坏死灶等。

(三)胴体检查

1.整体检查

检查皮下组织、脂肪、肌肉、淋巴结以及胸腔、腹腔浆膜有无瘀血、出血以及疹块、脓肿和其他异常等。

2.淋巴结检查

(1)颈浅淋巴结(肩前淋巴结)。在肩关节前稍上方剖开臂头肌、肩胛横突肌下的一侧颈浅淋巴结,检查切面形状、色泽及有无肿胀、瘀血、出血、坏死灶等。

(2)髂下淋巴结(股前淋巴结、膝上淋巴结)。剖开一侧淋巴结,检查切面形状、色泽、大小及有无肿胀、瘀血、出血、坏死灶等。

(3)必要时检查腹股沟深淋巴结。

(四)复检

官方兽医对上述检疫情况进行复查,综合判定检疫结果。

(五)结果处理

(1)合格的,由官方兽医出具《动物检疫合格证明》,加盖检疫验讫印章,对分割包装肉品及内脏加施检疫标志。

(2)不合格的,发现患有规定疫病或以外疫病的,由官方兽医出具《检疫处理通知单》,监督场(厂、点)方对病牛羊胴体及副产品按《病害动物和病害动物产品生物安全处理规程》等法规处理,对污染的场所、器具等按规定实施消毒,并做好《生物安全处理记录》。

(3)监督场(厂、点)方做好检疫病害动物及废弃物无害化处理。

(六)官方兽医在同步检疫过程中应做好卫生安全防护

三、检疫记录

(1)官方兽医应监督指导屠宰场(厂、点)方做好待宰、急宰、生物安全处理等环节各项记录。

(2)官方兽医做好入场监督查验、检疫申报、宰前检查、同步检疫等环节记录。

(3)检疫记录应保存 12 个月以上。

表 3-14　牛羊同步检疫及处理

项目		同步检疫病变特征	怀疑疫病	检疫处理
头蹄检查	头部	水疱、溃疡、烂斑 下颌淋巴结、咽喉黏膜和扁桃体肿胀、瘀血、出血、坏死灶	口蹄疫、牛传染性鼻气管炎、小反刍兽疫	上报疫情 采样送检 隔离消毒 实验确诊 按 GB 16548 监督无害 化处理 风险追溯 控制扑灭
	蹄部	水疱、溃疡、烂斑、结痂	口蹄疫	
内脏检查	胸腔腹腔	积液、粘连、纤维素性渗出物	牛传染性胸膜肺炎、牛结核病、炭疽	
	心脏	瘀血、出血、变性、虎斑心	口蹄疫、炭疽、绵羊痘和山羊痘	
	肺脏	瘀血、出血、水肿、化脓、实变、粘连、包囊砂、寄生虫、结节	牛传染性胸膜肺炎、牛结核病、棘球蚴病、绵羊痘和山羊痘	
	肝脏	肿大、出血、瘀血、坏死灶、硬化、萎缩等	肝片吸虫病、日本血吸虫病、棘球蚴病	
	肾脏	贫血、出血、瘀血、肿大	棘球蚴病、绵羊痘和山羊痘	
	脾脏	肿大、出血、坏死、结节	棘球蚴病、炭疽、日本血吸虫等	
	胃肠	浆膜面、肠系膜及淋巴结瘀血、出血、粘连、坏死等。胃肠瘀血、出血、胶样浸润、糜粒、溃疡、化脓、结节、寄生虫等，瘤胃肉柱水疱糜烂或溃疡等	炭疽、小反刍兽疫牛结核病、日本血吸虫病、肝片吸虫病、口蹄疫、绵羊痘和山羊痘	
	子宫睾丸	母牛子宫浆膜出血、黏膜有无黄白色或干酪样结节 公牛睾丸肿大、睾丸、附睾化脓、坏死灶	布鲁氏菌病、牛传染性鼻气管炎、牛结核病	
胴体检查	整体检查	皮下组织、脂肪、肌肉、淋巴结以及胸腔、腹腔浆膜水肿、瘀血、出血以及疹块、脓肿等异常	牛结核病、肝片吸虫病、痒病	
	淋巴结检查	颈浅淋巴结、髂下淋巴结、腹股沟深淋巴结肿胀、瘀血、出血、坏死灶	炭疽、小反刍兽疫	

项目三　检疫监督

任务一　检疫监督概述

【学习目标】

了解检疫监督的特点、范围、主要内容,熟悉动物及动物产品补检合格条件、补检处理。

【操作与实施】

检疫监督是动物卫生监督机构依照《动物防疫法》、《动物检疫管理办法》等相关法律法规,对屠宰、经营、运输以及参加展览、演出和比赛的动物,经营、运输的动物产品等检疫工作情况实施的监督管理工作。检疫监督是执行国家动物卫生法律法规,有效防控重大动物疫病、保障动物产品安全,保护养殖业健康发展和公共卫生安全,维护动物检疫工作正常秩序的重要保证。

一、检疫监督特点

(1)检疫监督工作政策性强,涉及面广,任务重,要求高,工作难度较大。

(2)检疫监督具有强制性,动物卫生监督机构执行监督检查任务,有关单位和个人应自觉配合执法,不得拒绝或者阻碍。

二、检疫监督范围

根据动物防疫和检疫工作的特点,检疫监督工作范围包括:对产地环节、屠宰环节、流通环节(市场、超市、商店)、运输环节、使用环节(宾馆、饭店)的动物及动物产品等有关活动实施检疫监督。

三、检疫监督的主要内容

动物卫生监督机构通过监督检查产地检疫、屠宰检疫,以及经营、运输动物及其产品的检疫工作实施情况,开展检疫监督工作。

(1)屠宰、经营、运输以及参加展览、演出和比赛的动物,应当附有《动物检疫合格证明》;经营、运输的动物产品应当附有《动物检疫合格证明》和检疫标志。动物卫生监督机构可以查验检疫证明、检疫标志,对动物、动物产品进行采样、留验、抽检,但不得重复检疫收费。

(2)依法应当检疫而未经检疫的动物,由动物卫生监督机构按规定的条件进行补检;依法应当检疫而未经检疫的骨、角、生皮、原毛、绒,精液、胚胎、种蛋,肉、脏器、脂、头、蹄、血液、筋等产品,具备补检条件的实施补检,不具备补检条件的予以没收销毁。补检符合条件的,出具《动物检疫合格证明》,并依照《动物防疫法》第七十八条规定进行处罚。补检不符合条件的动物,按照农业部有关规定进行处理,动物产品则予以没收销毁,并依照《动物防疫法》第七十六条规定进行处罚。检疫不合格的动物、动物产品,货主应当在动物卫生监督机构监督下按照国务院兽医主管部门的规定处理,处理费用由货主承担。

(3)经铁路、公路、水路、航空运输依法应当检疫的动物、动物产品的,托运人托运时应当提供《动物检疫合格证明》。没有《动物检疫合格证明》的,承运人不得承运。检疫证明为《出县境动物检疫合格证明》、《出县境动物产品检疫合格证明》或《动物及动物产品运载工具消毒证明》。

(4)货主或者承运人应当在装载前和卸载后,对动物、动物产品的运载工具以及饲养用具、装载用具等,按照农业部规定的技术规范进行消毒,并对清除的垫料、粪便、污物等进行无害化处理。

(5)封锁区内的商品蛋、生鲜奶的运输监管按照《重大动物疫情应急条例》实施。

(6)经检疫合格的动物、动物产品应当在规定时间内到达目的地。经检疫合格的动物在运输途中发生疫情,应按有关规定报告并处置。

(7)依法进行检疫需要收取费用的,其项目和标准由国务院财政部门、物价主管部门规定。

四、动物及动物产品补检合格条件

(一)依法应当检疫而未经检疫的动物

(1)畜禽标识符合农业部规定;

(2)临床检查健康;

(3)农业部规定需要进行实验室疫病检测的,检测结果符合要求。

（二）依法应当检疫而未经检疫的骨、角、生皮、原毛、绒等产品

（1）货主在5 d内提供输出地动物卫生监督机构出具的来自非封锁区的证明；

（2）经外观检查无腐烂变质；

（3）按有关规定重新消毒；

（4）农业部规定需要进行实验室疫病检测的，检测结果符合要求。

（三）依法应当检疫而未经检疫的精液、胚胎、种蛋

（1）货主在5 d内提供输出地动物卫生监督机构出具的来自非封锁区的证明和供体动物符合健康标准的证明；

（2）在规定的保质期内，并经外观检查无腐败变质；

（3）农业部规定需要进行实验室疫病检测的，检测结果符合要求。

（四）依法应当检疫而未经检疫的肉、脏器、脂、头、蹄、血液、筋

（1）货主在5 d内提供输出地动物卫生监督机构出具的来自非封锁区的证明；

（2）经外观检查无病变、无腐败变质；

（3）农业部规定需要进行实验室疫病检测的，检测结果符合要求。

五、动物及动物产品补检处理

（一）补检合格处理

出具《动物检疫合格证明》，并依照《动物防疫法》第七十八条的规定进行处罚。由动物卫生监督机构责令改正，处同类检疫合格动物、动物产品货值金额百分之十以上百分之五十以下罚款；对货主以外的承运人处运输费用一倍以上三倍以下罚款。参加展览、演出和比赛的动物，处一千元以上三千元以下罚款。

（二）补检不合格处理

依照《动物防疫法》第七十六条的规定进行处罚。由动物卫生监督机构责令改正、采取补救措施，没收违法所得和动物、动物产品，并处同类检疫合格动物、动物产品货值金额一倍以上五倍以下罚款。

任务二　检疫监督程序

【学习目标】

了解产地、屠宰、流通、运输、使用等环节的检疫监督程序。

【操作与实施】

一、产地环节检疫监督程序

产地环节检疫监督程序见图 3-8。

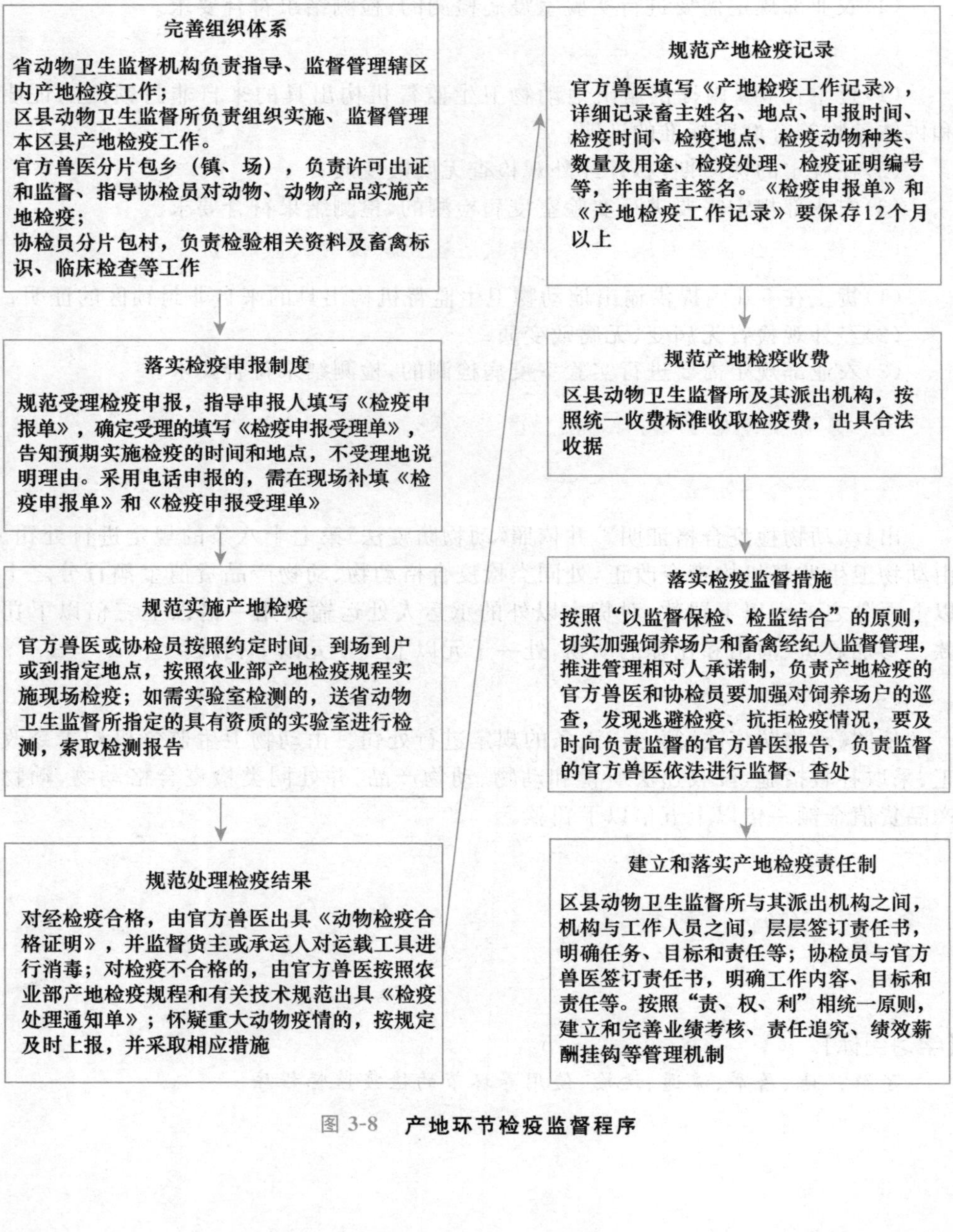

完善组织体系

省动物卫生监督机构负责指导、监督管理辖区内产地检疫工作；

区县动物卫生监督所负责组织实施、监督管理本区县产地检疫工作。

官方兽医分片包乡（镇、场），负责许可出证和监督、指导协检员对动物、动物产品实施产地检疫；

协检员分片包村，负责检验相关资料及畜禽标识、临床检查等工作

落实检疫申报制度

规范受理检疫申报，指导申报人填写《检疫申报单》，确定受理的填写《检疫申报受理单》，告知预期实施检疫的时间和地点，不受理地说明理由。采用电话申报的，需在现场补填《检疫申报单》和《检疫申报受理单》

规范实施产地检疫

官方兽医或协检员按照约定时间，到场到户或到指定地点，按照农业部产地检疫规程实施现场检疫；如需实验室检测的，送省动物卫生监督所指定的具有资质的实验室进行检测，索取检测报告

规范处理检疫结果

对经检疫合格，由官方兽医出具《动物检疫合格证明》，并监督货主或承运人对运载工具进行消毒；对检疫不合格的，由官方兽医按照农业部产地检疫规程和有关技术规范出具《检疫处理通知单》；怀疑重大动物疫情的，按规定及时上报，并采取相应措施

规范产地检疫记录

官方兽医填写《产地检疫工作记录》，详细记录畜主姓名、地点、申报时间、检疫时间、检疫地点、检疫动物种类、数量及用途、检疫处理、检疫证明编号等，并由畜主签名。《检疫申报单》和《产地检疫工作记录》要保存12个月以上

规范产地检疫收费

区县动物卫生监督所及其派出机构，按照统一收费标准收取检疫费，出具合法收据

落实检疫监督措施

按照"以监督保检、检监结合"的原则，切实加强饲养场户和畜禽经纪人监督管理，推进管理相对人承诺制，负责产地检疫的官方兽医和协检员要加强对饲养场户的巡查，发现逃避检疫、抗拒检疫情况，要及时向负责监督的官方兽医报告，负责监督的官方兽医依法进行监督、查处

建立和落实产地检疫责任制

区县动物卫生监督所与其派出机构之间，机构与工作人员之间，层层签订责任书，明确任务、目标和责任等；协检员与官方兽医签订责任书，明确工作内容、目标和责任等。按照"责、权、利"相统一原则，建立和完善业绩考核、责任追究、绩效薪酬挂钩等管理机制

图 3-8　产地环节检疫监督程序

二、屠宰环节检疫监督程序

屠宰环节检疫监督程序见图 3-9。

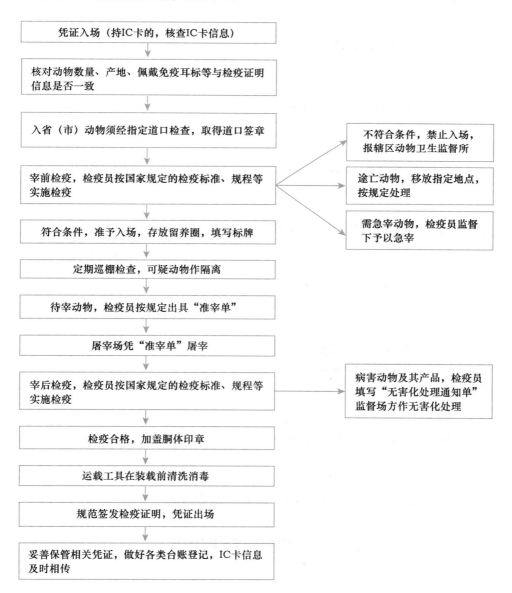

图 3-9　**屠宰环节检疫监督程序**

三、流通环节检疫监督(市场、超市、商店)程序

流通环节检疫监督(市场、超市、商店)程序见图 3-10。

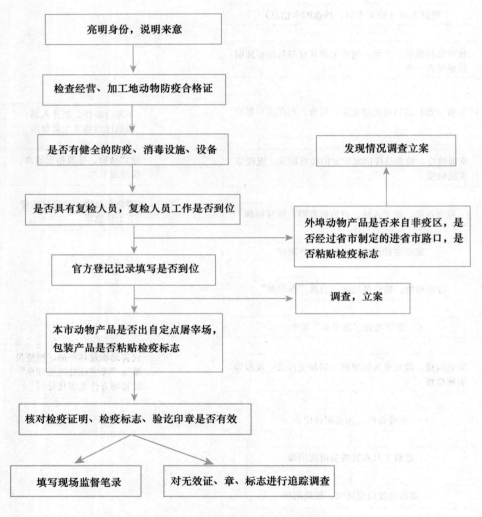

图 3-10　流通环节检疫监督程序

四、运输环节检疫监督程序

运输环节检疫监督程序见图 3-11。

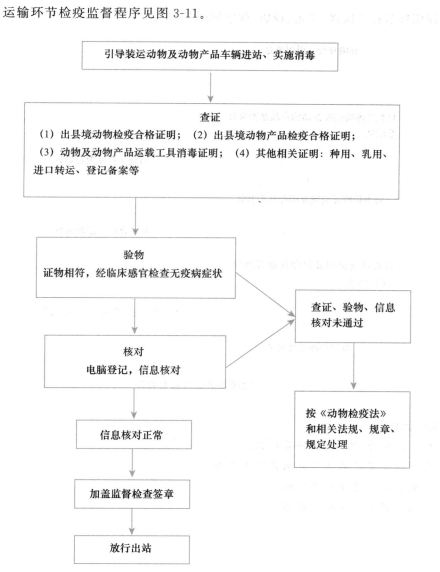

图 3-11 运输环节检疫监督程序

五、使用环节检疫监督（宾馆、饭店）程序

使用环节检疫监督（宾馆、饭店）程序见图 3-12。

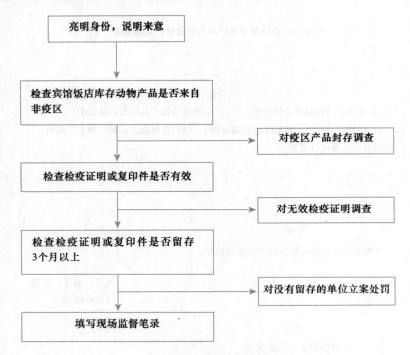

图 3-12 使用环节检疫监督程序

【思考与训练】

　　1. 产地检疫的工作程序是什么？

　　2. 产地检疫时群体检查的内容有哪些？

　　3. 叙述生猪屠宰检疫流程。

　　4. 叙述家禽屠宰检疫流程。

模块四　生乳、鲜蛋的卫生检验

导读

【岗位任务】生乳、鲜蛋的卫生检验。

【岗位目标】应知：与生乳、鲜蛋相关的食品安全检测标准。

应会：生乳感官检验，生乳相对密度检验，生乳酸度检验，生乳黄曲霉毒素 M_1 污染检验，生乳菌落总数检验，乳房炎乳的检验；鲜蛋的质量标准，蛋的感官检验方法、灯光透视检验方法、比重检验方法，蛋的贮藏保鲜。

【能力素质要求】熟悉生乳、鲜蛋等动物性产品的食品安全检测标准，能够按照标准要求为社会提供质量安全的动物性产品。

项目一 生乳的卫生检验

任务一 生乳感官检验

【学习目标】

掌握生乳感官检验的方法及检验指标。

【操作与实施】

一、操作方法

取适量试样置于 50 mL 烧杯中,在自然光下观察色泽和组织状态。闻其气味,用温开水漱口,品尝滋味。

二、检验要点

(一)色泽检验

良质鲜乳:呈乳白色或稍带微黄色。

次质鲜乳:色泽较良质鲜乳为差,白色中稍带青色。

劣质鲜乳:呈浅粉色或显著的黄绿色,或是色泽灰暗。

(二)组织状态检验

良质鲜乳:呈均匀一致液体,无沉淀、凝块和机械杂质,无黏稠和浓厚现象。

次质鲜乳:呈均匀一致液体,无凝块,但可见少量微小的颗粒,脂肪聚黏表层呈液化状态。

劣质鲜乳:呈稠而不匀的溶液状,有乳凝结成的致密凝块或絮状物。

（三）气味检验

良质鲜乳：具有乳特有的乳香味，无其他任何异味。

次质鲜乳：乳中固有的香味稍差或有异味。

劣质鲜乳：有明显的异味，如酸臭味、牛粪味、金属味、鱼腥味、汽油味、花生味等。

（四）滋味检验

良质鲜乳：具有鲜乳独具的纯香味，滋味可口而稍甜，无其他任何异常滋味。

次质鲜乳：有微酸味（表明乳已开始酸败），或有其他轻微的异味。

劣质鲜乳：有酸味、咸味、苦味等明显异味。

任务二   生乳相对密度检验

【学习目标】

掌握生乳相对密度的检验方法。

【操作与实施】

一、检验器材

乳稠计：20℃/4℃。

玻璃圆筒或 200～250 mL 量筒：圆筒高度应大于乳稠计的长度，其直径大小应使在沉入乳稠计时其周边和圆筒内壁的距离不小于 5 mm。

二、检验步骤

（1）取混匀并调节温度为 10～25℃的试样，小心倒入玻璃圆筒或 200～250 mL 量筒内，勿使其产生泡沫并测量试样温度。

（2）小心将乳稠计放入试样中到相当刻度 30°处，然后让其自然浮动，但不能与容器内壁接触。

（3）静置 2～3 min，眼镜平视试样液面的高度，读取乳稠计上的对应数值。

三、计算

相对密度与乳稠计刻度关系式：

$$相对密度(\rho_4^{20}) = \frac{X}{1\,000} + 1.000$$

式中：

ρ_4^{20}—为试样的相对密度；

X—乳稠计读数。

当试样温度在 20℃时,可将读数直接代入相对密度与乳稠计刻度关系式进行计算;试样温度不在 20℃时,根据试样温度和乳稠计读数查表 4-1 换算成 20℃时的度数。

表 4-1　乳稠计读数变为温度 20℃时的度数换算表　　　　℃

乳稠计读数	生乳温度															
	10	11	12	13	14	15	16	17	18	19	20	21	22	23	24	25
25	23.3	23.5	23.6	23.7	23.9	24.0	24.2	24.4	24.6	24.8	25.0	25.2	25.4	25.5	25.8	26.0
26	24.2	24.4	24.5	24.7	24.9	25.0	25.2	25.4	25.6	25.8	26.0	26.2	26.4	26.6	26.8	27.0
27	25.1	25.3	25.4	25.6	25.7	25.9	26.1	26.3	26.5	26.8	27.0	27.2	27.5	27.7	27.9	28.1
28	26.0	26.1	26.3	26.5	26.6	26.8	27.0	27.3	27.5	27.8	28.0	28.2	28.5	28.7	29.0	29.2
29	26.9	27.1	27.3	27.5	27.6	27.8	28.0	28.3	28.5	28.7	29.0	29.2	29.5	29.7	30.0	30.2
30	27.9	28.1	28.3	28.5	28.6	28.8	29.0	29.3	29.5	29.8	30.0	30.2	30.5	30.7	31.0	31.2
31	28.8	29.0	29.2	29.4	29.6	29.8	30.0	30.5	31.0	31.2	31.5	31.7	32.0	32.2
32	29.3	30.0	30.2	30.4	30.6	30.7	31.0	31.2	31.5	31.8	32.0	32.3	32.5	32.8	33.0	33.3
33	30.7	30.8	31.1	31.2	31.5	31.7	32.0	32.2	32.5	32.8	33.0	33.5	33.8	34.1	34.3
34	31.7	31.9	32.1	32.3	32.5	32.7	33.0	33.2	33.5	33.8	34.0	34.3	34.4	34.8	35.1	35.3
35	32.6	32.8	33.1	33.3	33.5	33.7	34.0	34.2	34.5	34.7	35.0	35.3	35.5	35.8	36.1	36.3
36	33.5	33.8	34.0	34.3	34.5	34.7	34.9	35.2	35.6	35.7	36.0	36.2	36.5	36.7	37.0	37.3

任务三　生乳酸度检验

【学习目标】

掌握生乳酸度的检验方法及国家标准。

【操作与实施】

如果生乳贮存不当或存放时间过长,细菌繁殖可导致其酸度明显增高;如果奶畜健康状况不佳,患乳房炎等疾病或人为加入碱性物质等均可造成生乳酸度降低。因此,生乳酸度是反映生乳质量的一项重要指标。通常用吉尔涅尔度(°T)表示生乳的酸度,以酸碱滴定法进行检测。食品安全国家标准 GB 19301—2010 中规定生牛乳酸度指标为 12~18°T,生羊乳酸度指标为 6~13°T。

一、检验材料

(一)检验器材

分析天平、碱式滴定管、锥形瓶(150 mL)、吸管(10 mL)、酸碱滴定架、电热炉。

(二)检验试剂

所用试剂均为分析纯或以上规格,水为 GB/T 6682 规定的三级水。

氢氧化钠标准溶液(NaOH):0.100 0 mL/L。

酚酞指示液:称取 0.5 g 酚酞溶于 75 mL 体积分数为 95% 的乙醇中,并加入 20 mL 水,然后滴加氢氧化钠溶液至微粉色,再加入水定容至 100 mL。

二、检验步骤

(1)称取 10 g(精确到 0.001 g)已混匀的试样,置于 150 mL 锥形瓶中,加 20 mL 新煮沸冷却至室温的水,混匀。

(2)加入 2.0 mL 酚酞指示液,混匀后用氢氧化钠标准溶液滴定至微红色,并在 30 s 内不褪色,记录消耗的氢氧化钠标准溶液毫升数。

三、计算方法

试样中的酸度数值以°T 表示,按下式计算:

$$X = \frac{c \times v \times 100}{m \times 0.1}$$

式中:

X—试样的酸度,单位为度(°T);

c—氢氧化钠标准溶液的摩尔浓度,单位为摩尔每升(mol/L);

v—滴定时消耗氢氧化钠标准溶液体积,单位为 mL(mL);

m—试样的质量,单位为克(g);

0.1—酸度理论定义氢氧化钠的摩尔浓度,单位为摩尔每升(mol/L)。

在重复性条件下获得的两次独立测定结果的算术平均值表示,结果保留 3 位有效数字。

任务四　生乳黄曲霉毒素 M_1 污染检验

【学习目标】

了解生乳黄曲霉毒素 M_1 污染的检验方法及国家标准。

【操作与实施】

生乳黄曲霉毒素 M_1(aflatoxin M_1,AFM$_1$)污染主要是奶牛采食被黄曲霉毒素 B_1(aflatoxin B_1,AFB$_1$)污染的饲料后,在乳畜体内由 B_1 转化为 M_1,并分泌到乳汁中,毒性较强并具有致癌性。我国食品安全国家标准规定生乳黄曲霉毒素 M_1 的限量标准为 $0.5~\mu g/kg$,检测方法有免疫亲和层析净化液相色谱-串联质谱法、免疫亲和层析净化高效液相色谱法、免疫层析净化荧光分光光度法、双流向酶联免疫法 4 种。其中,双流向酶联免疫法为免疫学检测方法,与理化分析方法相比具有快速、灵敏、成本低、样品筛检量大等优点,特别适合生产一线大批量样品的在线定性检测。其原理是利用酶联免疫竞争原理,样品中残留的黄曲霉毒素 M_1 与定量特异性酶标抗体反应,多余的游离酶标抗体则与酶标板内的包被抗原结合,通过流动洗涤,加入酶显色底物显色后,与标准点比较定性。

一、检验材料

(一)检验器材

样品试管(带有密封盖,内置酶联免疫试剂颗粒)、移液器[$(450\pm50)\mu L$]、酶联免疫检测加热器[$(40\pm5)℃$]、双流向酶联免疫检测读数仪。

(二)检验试剂

黄曲霉毒素 M_1 双流向酶联免疫试剂盒(包含试剂:黄曲霉毒素 M_1 系列标准溶液、酶联免疫试剂颗粒、抗黄曲霉毒素 M_1 抗体、酶结合物、酶显色底物)。

二、检验步骤

(1)将加热器预热到 $(40\pm5)℃$,并至少保持 15 min。

(2)移取 450 μL 混匀的生乳样品至样品试管中,充分振摇,使其中的酶联免疫试剂颗粒完全溶解。

（3）将样品试管和酶联免疫检测试剂盒同时置于预热过的加热器内保温 5～6 min，使试样中的黄曲霉毒素 M_1 和酶联免疫试剂颗粒中的酶标记黄曲霉毒素 M_1 抗体结合。

（4）将样品试管内的全部内容物倒入试剂盒的样品池中，样品将流经"结果显示窗口"向绿色的激活环流去。

（5）当激活环的绿色开始消失变为白色时，立即用力按下激活环按键。

（6）试剂盒继续放置在加热器中保温保持 4 min，使显色反应完成。

（7）将试剂盒从加热器中取出水平放置，立即进行检测结果判定，结果判定应在分钟内完成。

三、结果判定

（一）目测判定结果

试样点的颜色深于质控点，或两者颜色相当，检测结果为阴性，试样中不含黄曲霉毒素 M_1 或含量在 0.5 $\mu g/kg$ 以下。

试样点的颜色浅于质控点，检测结果为阳性，试样中黄曲霉毒素 M_1 含量在 0.5 $\mu g/kg$ 以上。

（二）双流向酶联免疫检测读数仪判定结果

数值≤1.05，显示 Negative，检测结果为阴性，试样中不含黄曲霉毒素 M_1 或含量在 0.5 $\mu g/kg$ 以下。

数值＞1.05，显示 Positive，检测结果为阳性，试样中黄曲霉毒素 M_1 含量在 0.5 $\mu g/kg$ 以上。

任务五　生乳菌落总数检验

【学习目标】

熟悉生乳菌落总数的检验方法及国家标准。

【操作与实施】

菌落总数是反映奶畜健康状况、牧场卫生条件和冷链质量控制的卫生指标。目前，现行的食品安全国家标准规定生乳菌落总数指标为 200 万 CFU/mL。奶畜健康状况不佳、牧场和奶站卫生条件控制不严、鲜奶贮存和运输中温度控制不合理等因素均可导致生乳菌落总数过高。

一、检验材料

(一)检验器材

恒温培养箱[(36±1)℃]、恒温水浴箱[(46±1)℃]、天平(感量为 0.1 g)、高压灭菌锅、无菌吸管、无菌锥形瓶、pH 计、无菌培养皿(直径 90 mm)、菌落计数器。

(二)检验试剂

平板计数琼脂培养基:主要成分为胰蛋白胨 5.0 g、酵母浸膏 2.5 g、葡萄糖 1.0 g、琼脂 15.0 g,将上述成分加于蒸馏水中,煮沸溶解,调节 pH 至 7.0±0.2。分装于锥形瓶,121℃高压灭菌 15 min。

无菌生理盐水:称取 8.5 g 氯化钠溶于 1 000 mL 蒸馏水,分装于试管或锥形瓶中,121℃高压灭菌 15 min。

二、检验步骤

(一)样品稀释

(1)以无菌吸管吸取 25 mL 样品置盛有 225 mL 生理盐水的无菌锥形瓶(瓶内预置适当数量的无菌玻璃珠)中,充分混匀,制成 1∶10 的样品匀液。

(2)用 1 mL 无菌吸管吸取 1∶10 样品匀液 1 mL,沿管壁缓慢注于盛有 9 mL 稀释液的无菌试管中(注意吸管尖端不要触及稀释液面),振摇试管或换用 1 支无菌吸管反复吹打使其混合均匀,制成 1∶100 的样品匀液。

(3)按上述操作程序,制备 10 倍系列稀释样品匀液。每递增稀释一次,换用 1 次 1 mL 无菌吸管。

(4)根据对样品污染状况的估计,选择 2~3 个适宜稀释度的样品匀液(可包括原液),在进行 10 倍递增稀释时,吸取 1 mL 样品匀液于无菌平皿内,每个稀释度做两个平皿。同时,分别吸取 1 mL 空白稀释液加入两个无菌平皿内作空白对照。

(5)及时将 15~20 mL 冷却至 46℃的平板计数琼脂培养基[可放置于(46±1)℃恒温水浴箱中保温]倾注平皿,并转动平皿使其混合均匀。

(二)培养

(1)待琼脂凝固后,将平板翻转,(36±1)℃培养(48±2)h。

(2)如果样品中可能含有在琼脂培养基表面弥漫生长的菌落时,可在凝固后的琼脂表面覆盖一薄层琼脂培养基(约 4 mL),凝固后翻转平板,按上述条件进行培养。

(三)菌落计数

可用肉眼观察，必要时用放大镜或菌落计数器，记录稀释倍数和相应的菌落数量。菌落计数以菌落形成单位(colony-forming units,CFU)表示。

(1)选取菌落数为30～300 CFU、无蔓延菌落生长的平板计数菌落总数。低于30 CFU的平板记录具体菌落数，大于300 CFU的可记录为多不可计。每个稀释度的菌落数应采用两个平板的平均数。

(2)其中一个平板有较大片状菌落生长时，则不宜采用，而应以无片状菌落生长的平板作为该稀释度的菌落数；若片状菌落不到平板的一半，而其余一半中菌落分布又很均匀，即可计算半个平板后乘以2，代表一个平板菌落数。

(3)当平板上出现菌落间无明显界线的链状生长时，则将每条单链作为一个菌落计数。

三、结果与报告

(一)菌落总数的计算方法

(1)若只有一个稀释度平板上的菌落数在适宜计数范围内，计算两个平板菌落数的平均值，再将平均值乘以相应稀释倍数，作为每毫升样品中菌落总数结果。

(2)若有两个连续稀释度的平板菌落数在适宜计数范围内时，则按下面公式计算：

$$N = \sum C/(n_1 + 0.1n_2)d$$

式中：

N—样品中菌落数；

$\sum C$—平板(含适宜范围菌落数的平板)菌落数之和；

n_1—第一稀释度(低稀释倍数)平板个数；

n_2—第二稀释度(高稀释倍数)平板个数；

d—稀释因子(第一稀释度)。

(3)若所有稀释度的平板上菌落数均大于300 CFU，则对稀释度最高的平板进行计数，其他平板可记录为多不可计，结果按平均菌落数乘以最高稀释倍数计算。

(4)若所有稀释度的平板菌落数均小于30 CFU，则应按稀释度最低的平均菌落数乘以稀释倍数计算。

(5)若所有稀释度(包括样品原液)平板均无菌落生长，则以小于1乘以最低稀释倍数计算。

(6)若所有稀释度的平板菌落数均不在 30～300 CFU,其中一部分小于 30 CFU 或大于 300 CFU 时,则以最接近 30 CFU 或 300 CFU 的平均菌落数乘以稀释倍数计算。

(二)菌落总数的报告

(1)菌落数小于 100 CFU 时,按"四舍五入"原则修约,以整数报告。

(2)菌落数大于或等于 100 CFU 时,第 3 位数字采用"四舍五入"原则修约后,取前 2 位数字,后面用 0 代替位数;也可用 10 的指数形式来表示,按"四舍五入"原则修约后,采用两位有效数字。

(3)若所有平板上为蔓延菌落而无法计数,则报告菌落蔓延。

(4)若空白对照上有菌落生长,则此次检测结果无效。

(5)以 CFU/mL 为单位报告。

示例:

稀释度	1:100(第一稀释度)	1:1 000(第二稀释度)
菌落数(CFU)	232,244	33,35

$$N = \sum C/(n_1 + 0.1n_2)d$$
$$= (232 + 244 + 33 + 35)/\{[2 + (0.1 \times 2)] \times 10^{-2}\}$$
$$= \frac{232 + 244 + 33 + 35}{[2 + (0.1 \times 2)] \times 10^{-2}}$$
$$= 24\ 727$$

按规定修约后,表示为 25 000,即该示例样品中菌落总数报告为 25 000 CFU/mL。

任务六 乳房炎乳的检验

【学习目标】

掌握乳房炎乳的检验方法。

【操作与实施】

目前普遍采用的是加州乳房炎试验法(CMT),即首先在美国加利福尼亚州使用的一种乳房炎检测试验。它是通过间接测定乳中体细胞数来诊断隐性乳房炎的方法。其原理是在表面活性物质和碱性药物作用下,乳中体细胞被破坏,释放出DNA,进一步作用,使乳汁产生沉淀或形成凝胶。体细胞数越多,产生的沉淀或凝胶也越多,从而间接诊断乳房炎和炎症的程度。该法是国际通用的隐性乳房炎诊断方法,其特点是简便、快速。我国研制出了类似的方法如 BMT(北京奶牛研究所)、SMT(上海奶牛研究所)、HMT(黑龙江省兽医科学研究所),以及 LMT(中国农科院兰州兽医研究所)等。

一、检验试剂

十二烷基磺酸钠 30 g 溶解于 1 000 mL 蒸馏水,用 2 mol 的氢氧化钠调节 pH 为 6.4,加入溴甲酚紫 0.1 g,即成 CMT 检验液。

二、操作方法

取乳房炎诊断盘 1 只,滴加被检乳 2 mL、CMT 检验液 2 mL,同心圆摇动诊断盘。

三、结果判定

根据混合物的凝集反应和颜色变化综合判定结果,要求 10～20 s 内判定完成。判定标准见表 4-2。

表 4-2 **CMT 法的判定标准**　　　　　　　　千个/mL

被检乳	反应状态	体细胞数
阴性	混合物呈液体状,倾斜检验盘时,流动流畅,无凝块	0～200
可疑	混合物呈液体状,盘底有微量沉淀物,摇动时消失	200～500
弱阳性	盘底出现少量黏性沉淀物,非全部形成凝胶状,摇动时,沉淀物散布于盘底,有一定的黏性	500～800
阳性	全部呈凝胶状,有一定黏性,回转时向心集中,不易散开	800～5 000
强阳性	混合物大部分或全部形成明显的胶状沉淀物,黏稠,几乎完全黏附与盘底,旋转摇动时,沉淀集于中心,难以散开	＞5 000

项目二　鲜蛋的卫生检验

任务一　鲜蛋的质量标准

【学习目标】

熟悉鲜蛋的质量指标、国内鲜蛋的质量标准、出口鲜蛋的分级标准。

【操作与实施】

一、鲜蛋的质量指标

(一)蛋重

鲜蛋在贮藏期间重量会逐渐减轻,贮存时间越长,减重越多。重量减轻越多,气室越大。这是由于蛋内水分经由蛋壳上的气孔蒸发所致。影响蛋重变化的主要因素有温度、湿度、贮藏期及涂膜、蛋壳的厚薄、贮藏方法。

1.温度

贮藏温度的高低与蛋减重的多少有直接关系,温度越高,减重越多,温度低则减重少。

2.湿度

环境湿度高则减重少,相反则减重多。

3.贮藏期及涂膜

蛋贮藏时间越长,减重越多,涂膜贮藏则蛋减重少。

4.蛋壳的厚薄

蛋壳越薄,水分蒸发越多,失重则越大。

5.贮藏方法

减重还与贮存方法有关,水浸法几乎不失重,涂膜法失重少,谷物贮存法失重多。

(二)气室

气室是衡量蛋新鲜程度的标志之一。在贮藏过程中由于水分蒸发、二氧化碳的逸散、蛋的内容物干缩使气室的增大。在其他条件相同的情况下,贮存时间越长,气室越大。

(三)黏度

蛋液具有一定的黏度,新鲜蛋的蛋液黏度高,陈旧蛋的蛋液黏度低。这种变化与贮藏中蛋白质的分解和表面张力的大小有关。贮存方法不同与贮存时间的长短对蛋液的黏度都有影响。

(四)蛋黄系数

蛋黄系数是衡量蛋新鲜度的一个标志。新鲜蛋的蛋黄系数大,平均为 $0.36\sim0.44$,陈旧蛋系数小。在 25℃下贮藏 8 d,或者 16℃下贮藏 23 d,蛋黄系数可降至 0.3。但在 37℃时只需 3 d 蛋黄系数即可降至 0.3。可见除时间因素外,温度对蛋黄系数的降低有直接影响。

(五)哈氏单位

哈氏单位是根据蛋重和浓厚蛋白高度,按一定公式计算出其指标的一种方法,可以衡量蛋白品质和蛋的新鲜程度,它是现在国际上对蛋品质评定的重要指标和常用方法。哈氏单位越高,则蛋白越浓稠,品质越好。反之表示蛋白稀薄,品质较差。新鲜蛋的哈氏指数在 80 以上。当哈氏单位小于 31 时则为次等蛋。

$$哈氏单位 = 100 \times \log(h - 1.7w0.37 + 7.57)$$

式中:h—浓蛋白高度(mm);

w—为蛋重(g)。

(六)pH

新鲜蛋黄的 pH 为 $6.0\sim6.4$,贮存过程中 pH 会逐渐上升接近中性以至于达到中性。蛋白的变化比蛋黄大。最初蛋白的 pH 为 $7.6\sim7.9$,贮存后可升到 9.0 以上。但当蛋接近变质时,则 pH 有下降的趋势。当蛋白的 pH 降到 7.0 左右时尚可食用,若 pH 继续下降则不宜食用。蛋在贮存期间 pH 上升的原因主要是由于蛋内二氧化碳不断从气孔向外逸散所致。当气室内的二氧化碳与外界空气平衡后就停止下降,此时蛋白 pH 可达 9.0 以上。如果在蛋壳表面涂膜后再贮藏,则 pH

的下降速度可以减缓。

（七）水分

新鲜的蛋白、蛋黄含水量分别为73.57％和47.58％，经一段时间贮存的蛋，由于渗透作用，蛋白中的水分逐渐向蛋黄中转移，使蛋黄中水分增加，蛋白中水分可降至71％以下。蛋白水分减少的原因，除一部分向蛋黄渗透外，还有一部分通过气孔向外蒸发，同时造成气室增大。

（八）蛋中的含氮量

在贮藏过程中蛋内的蛋白质在微生物的作用下逐渐分解，产生部分氮和含氮化合物，从而使蛋内氮含量增加。据测鲜蛋中每100 g蛋黄液含氮3.4～4.1 mg，每100 g蛋白液含氮0.4～0.6 mg。随着贮藏时间延长，蛋液中含氮量逐渐增多。

二、国内鲜蛋的质量标准

（一）国家卫生标准

食品安全国家标准GB 2748—2003规定的鲜蛋感官指标和理化指标见表4-3、表4-4。

表4-3　鲜蛋的感官指标

项目	指标
色泽	具有禽蛋固有的色泽
组织形态	蛋壳清洁，无破裂，打开后蛋黄凸起，有韧性，蛋白澄清透明，稀稠分明
气味	具有产品固有的气味，无异味
滋味	无杂质，内容物不得有血块及其他鸡组织异物

表4-4　鲜蛋的理化指标

项目	指标
无机砷/（mg/kg）	≤0.05
铅（Pb）/（mg/kg）	≤0.2
总汞（以Hg计）/（mg/kg）	≤0.05
六六六、滴滴涕	按GB 2763规定执行

（二）收购等级标准

收购鲜蛋一般不分等级，没有统一的标准，但有些地区制订了收购标准。

一级蛋:不分鸡、鸭、鹅品种,不论大小(除仔鸭蛋外),必须新鲜、清洁、完整、无破损;

二级蛋:品质新鲜,蛋壳完整,沾有污物或受雨淋水湿的蛋;

三级蛋:严重污壳,面积超过 50% 的蛋和仔鸭蛋。

在加工腌制蛋时,一、二级鸭蛋宜加工彩蛋或糟蛋,三级蛋用于加工咸蛋。

在冷藏时,一级蛋可贮存 9 个月以上,二级蛋可贮存 6 个月左右,三级蛋可短期贮存或及时安排销售。

(三)冷藏鲜蛋

一级冷藏蛋:蛋的外壳清洁,坚固完整,稍有斑痕。透视时气室允许微活动,高度不超过 1 cm;蛋白透明,稍浓厚;蛋黄紧密,明显发红色,位置略偏离中央,胚胎无发育现象。一级冷藏蛋除夏季不可加工变蛋、咸蛋外,其他季节都可加工。

二级冷藏蛋:蛋的外壳坚固完整,有少许泥污或斑迹。在透视时气室高度不能超过 1.2 cm,允许波动;蛋白透明稀薄,允许有水泡;蛋黄稍紧密,明显发红色,位置偏离中央,黄大扁平,转动时正常,胚胎稍大。二级冷藏蛋可以加工咸蛋,只在冬季可以加工变蛋。

三级冷藏蛋:蛋的外壳完整,有脏迹而且脆薄。透视时气室允许移动,空头大,但不允许超过全蛋的 1/4;蛋白稀薄如水,蛋黄大且扁平,色泽显著发红,明显偏离中央,胚胎明显扩大。三级冷藏蛋不宜加工变蛋、咸蛋。

三、出口鲜蛋的分级标准

根据我国商检局规定,依据蛋的重量以及蛋壳、气室、蛋白、蛋黄、胚胎状况而分为三级。

一级蛋:刚产出不久的鲜蛋,外壳坚固完整,清洁干燥,色泽自然有光泽,并带有新鲜蛋固有的腥味。透视时气室很小,不超过 0.8 cm 高度,且不移动。蛋白浓厚透明,蛋黄位于中央,无胚胎发育现象。

二级蛋:存放时间略长的鲜蛋,外壳坚固完整,清洁,允许稍带斑迹。透视时气室略大,高度不超过 1.0 cm,不移动。蛋白略稀透明,蛋黄稍大明显,允许偏离中央,转动时略快,胚胎无发育现象。

三级蛋:存放时间较久,外壳较脆薄,允许有污壳斑迹。透视时气室超过 1.2 cm,允许移动。黄大而扁平,并显著呈红色,胚胎允许发育。

近年来供应出口的商品蛋,其质量分级标准也有所变化,尤其是外贸中还要根据国际市场的习惯和买方的要求,经双方协商,将分级标准具体规定在合同上。

任务二　鲜蛋的检验方法

【学习目标】

掌握蛋的感官检验方法、灯光透视检验方法、比重检验方法。

【操作与实施】

一、蛋的感官检验

感官鉴别是凭检验者的视觉、听觉、嗅觉、触觉等感觉器官,通过看、听、嗅、摸等方法来鉴别鸡蛋的质量。该方法基本上不需要任何仪器设备、操作简便,因此应用最为广泛但其检验结果受检验者的实践经验是否丰富的影响较大。

(一)检验方法

逐个地拿出待检蛋,先仔细观察其形态、大小、色泽、蛋壳的完整性和清洁度等情况;然后仔细观察蛋壳表面有无裂痕和破损等;利用手指摸蛋的表面和掂重,必要时用拇指、食指和中指捏住鸡蛋摇晃,或把蛋握在手中使其互相碰撞以听其声响;最后嗅检蛋壳表面有无异常气味。

(二)感官判定

1. 良质新鲜蛋

蛋壳颜色鲜艳,蛋外壳有一层白霜粉末即胶质薄膜,手擦时不很光滑,外形完整而清洁,无粪污,无斑点。蛋壳无皱褶而平滑,壳壁坚实,相碰时不发哑声,用拇指、食指和中指捏住鸡蛋摇晃,没有声音,用鼻嗅闻感到有一种鲜蛋的香腥气味。

2. 陈蛋

蛋表皮的粉霜脱落,皮色油亮或乌灰,轻碰时声音空洞,在手中掂动有轻飘感。

3. 劣质蛋

其外观往往在形态、色泽、清洁度、完整性等方面有一定的缺陷。如腐败蛋外壳常呈灰白色;受潮霉蛋其壳多污秽不洁,常有大理石斑纹;曾经孵化或漂洗的蛋,外有腐败气味。

二、蛋的灯光透视检验

通过光源透视检查蛋气室的大小、内容物的透光程度、蛋黄移动的阴影、胚盘的稳定程度及蛋内有无污斑、黑点和异物等,综合判定蛋的卫生质量。该法简便易行、结果可靠,是检验蛋新鲜度常用的方法之一。

(一)检验材料

照蛋器。

(二)检验方法

在暗室中将蛋的大头紧贴照蛋器的洞孔上,使蛋的纵轴与照蛋器约呈 30°倾斜。先观察气室大小和内容物的透光程度,然后上下左右轻轻转动,根据内容物移动状况来判定气室的稳定状态和蛋黄、胎盘的稳定程度以及蛋内有无污斑、黑点和游动异物。

(三)结果判定

新鲜正常蛋:气室小而固定,蛋内完全透光,呈淡橘红色;蛋白浓厚、清亮,包于蛋黄周围;蛋黄位于中央偏钝端,呈朦胧阴影,中心色浓,边缘色淡;蛋内无斑点和斑块。

三、蛋的比重检验

鲜蛋的平均比重为 1.084,商品蛋的比重为 1.060 以上,陈蛋低于 1.056。储存的蛋由于蛋内水分不断蒸发和二氧化碳的逸出,使蛋的气室逐渐增大,比重降低。将蛋放在不同比重的盐水里,通过观察蛋的沉浮来推测蛋的新陈。

(一)检验材料

烧杯、11%食盐溶液(比重 1.080)、10%食盐溶液(比重 1.073)、8%食盐溶液(比重 1.060)。

(二)检验方法

将被检蛋依次投入到比重为 1.080、1.073、1.060 的食盐水中,观察其浮沉情况。

(三)结果判定

1. 最新鲜蛋

在比重为 1.080 的食盐水中下沉的蛋。

2. 新鲜蛋

在比重为 1.080 的食盐水中上浮,而在比重为 1.073 的食盐水中下沉的蛋。

3. 次鲜蛋

在比重为 1.073 和 1.080 的食盐水中都悬浮不沉,而只在比重 1.060 的食盐水中下沉的蛋。

　　4.陈蛋或腐败蛋

　　在三种比重的食盐水中都悬浮不沉的蛋。

任务三　蛋的贮藏保鲜

【学习目标】

　　掌握蛋的贮藏保鲜方法。

【操作与实施】

一、冷藏法

(一)贮藏原理

　　冷藏保鲜法是利用冷藏库中的低温(最低温度不低于－3.5℃)抑制微生物的生长繁殖和分解作用以及蛋内酶的作用,延缓鲜蛋内容物的变化。

　　冷藏保鲜法是延缓浓厚蛋白的变稀并降低重量损耗,使其保鲜。

(二)贮藏方法

　　1.预冷

　　蛋在正式冷藏前应先进行预冷。预冷的温度是3~4℃,时间24 h。

　　2.冷藏的温、湿度

　　库温(0±0.5)℃,湿度80%~85%。也有一些学者认为鲜蛋的冷藏温度最好为－2.5~－2℃。

　　3.定期检查

　　每隔1~2个月定期检查,一般可贮藏6~8个月。

　　4.出库

　　冷藏蛋出库要事先经过升温,待蛋温升至比外界温度低3~5℃时才可出库,可防止蛋壳面形成水珠并避免水分渗入蛋内,影响蛋的品质。

二、二氧化碳气调法

　　利用二氧化碳贮藏鲜蛋能较好保持蛋的新鲜度,贮藏效果好。除二氧化碳以外,使用氮气也可以收到同样的效果。

（一）原理

（1）二氧化碳能够有效减缓和抑制蛋液 pH 的变化。

（2）二氧化碳能抑制蛋内的化学反应。

（3）二氧化碳抑制蛋壳表面和贮藏容器中微生物繁殖。

（二）方法

采用此法贮藏蛋需备有密闭的库房或容器，以保持一定的二氧化碳浓度；将蛋装入箱内，并通入二氧化碳气体置换箱内空气；然后将蛋箱放在含有 3％二氧化碳的库房内贮藏。此法最好与冷藏法配合使用，效果更理想。即使贮藏 10 个月，品质也无明显下降。

三、液浸法

选用适宜的溶液，将蛋浸泡在其中，使蛋同空气隔绝，阻止蛋内的水分向外蒸发，避免细菌污染，抑制蛋内二氧化碳溢出，达到鲜蛋保鲜保质的一种方法。

四、涂膜法

（一）原理

据试验涂膜的蛋在贮藏 6 个月后，干耗率只有 1％～2％，未经涂膜的蛋干耗率高达 15％以上，美国的涂剂主要用矿物油，日本多使用植物油，国外的一些大型蛋鸡场，蛋产出后经过分级（按重量）、洗涤、涂膜、干燥、包装等工序处理后方可出售。这样就缩短了涂膜前存放的时间，减少被污染的机会，提高保鲜的效果。

（二）涂剂

目前使用的涂剂种类很多，有的使用单一的成分如液体石蜡、明胶、水玻璃、火棉胶等，也有采用两种以上的成分配制，如松脂石蜡合剂等。

1. 松脂石蜡合剂

石蜡 18 份，松脂 18 份，64 份三氯乙烯，搅匀。将新鲜、清洁的鸡蛋置于上述合剂中浸泡 30 s，取出晾干，即可在常温下贮存。保鲜期 6～8 个月。

2. 蔗糖脂肪酸脂

使用时将其配成 1％的溶液，再将经过挑选的新鲜蛋浸入蔗糖酸脂溶液中 20 s 取出风干后置于库房贮藏。在 25℃下可贮藏 6 个月以上。

3. 蜂油合剂

取蜂蜡 112 mL 于水浴锅上溶化，再徐徐加入橄榄油 224 mL，边加边仔细调和匀。然后将无破损的鲜蛋浸入蜂油合剂中，使之均匀地粘上一层合剂，取出晾干，可贮存半年。

五、贮藏方法选择的基本条件

（1）能杀灭蛋壳上的微生物或使蛋内或蛋壳上的微生物停止发育；

（2）能防止微生物侵入蛋内；

（3）不得有毒和有损人体健康，对人体无副作用，不造成环境污染和社会危害；

（4）可使保鲜蛋内蛋黄，蛋白的理化性质不变，营养成分与营养价值基本不变，使贮藏后的蛋与新鲜蛋的性状、营养基本一致；

（5）经常较长时间的贮藏后，气体不过分增大；

（6）价格低廉，原料易得，贮存效果好。

【思考与训练】

1. 试述生乳感官检验要点。

2. 生乳中黄曲霉毒素 M_1 的来源及毒性有哪些？怎样避免受到污染？

3. 鲜蛋的检验方法有哪些？

4. 蛋的贮藏保鲜方法有哪些？

参考文献

[1] 王胜利,李生涛.动物防疫技术[M].北京:中国农业出版社,2014.

[2] 毕玉霞.动物防疫与检疫技术[M].北京:化学工业出版社,2009.

[3] 刘跃生.动物检疫[M].杭州:浙江大学出版社,2011.

[4] 姜凤丽,曹斌.动物性食品卫生检验技术[M].北京:中国农业大学出版社,2014.